太阳系考古遗存：小行星

胡中为　赵海斌　编著

科学出版社
北　京

内 容 简 介

小行星是绕太阳公转的小天体。它们是形成行星的半成品，演化程度小，成为太阳系考古遗存。尤其，近地小行星还有撞击地球的潜在风险。航天时代以来，小行星成为当代最活跃的探测对象，惊奇成果纷至沓来，激励青少年的参与志趣。本书共十二讲，通俗地阐述了小行星的发现和观测研究意义、轨道与物理性质的观测和飞船探测；主带小行星的轨道、性质与类型、卫星、几颗著名小行星、近地小行星及其撞击地球的影响；外区的柯伊伯带与弥散盘、矮行星；太阳系的起源、小行星起源演化。

本书图文并茂，与时俱进地普及小行星的新知识，是观测研究新友的入门书，也可作为天文教师、辅导员和科普的重要参考书。

图书在版编目（CIP）数据

太阳系考古遗存：小行星/胡中为，赵海斌编著. —北京：科学出版社，2017.4

ISBN 978-7-03- 052470-6

Ⅰ. ①太… Ⅱ. ①胡…②赵… Ⅲ. ①小行星－基本知识 Ⅳ. ①P185.7

中国版本图书馆 CIP 数据核字（2017）第 056865 号

责任编辑：胡 凯 许 蕾/责任校对：李 影

责任印制：张 伟/封面设计：许 瑞

科学出版社 出版

北京东黄城根北街 16 号

邮政编码：100717

http://www.sciencep.com

北京凌奇印刷有限责任公司印刷

科学出版社发行 各地新华书店经销

*

2017 年 4 月第 一 版 开本：720×1000 1/16

2024 年 6 月第五次印刷 印张：9 3/4 插页：5

字数：209 000

定价：79.00 元

（如有印装质量问题，我社负责调换）

前言

200 多年前，一些学者推测，在火星与木星的轨道之间可能存在未知行星，组织搜寻，结果却是越来越多地发现了独立绕太阳公转的小天体，通称之为“太阳系小天体”，而除了那些可以观测到彗星朦胧特征的小天体用彗星命名外，其他小天体都赋予了小行星的命名和编号。观测研究表明，这些小天体的演化程度小，是太阳系的考古遗存——“原行星或行星胎”，由于行星就是由早先的原行星聚集形成的，因此这些遗存可以为探索行星的起源及早期演化提供宝贵信息，而人们更关注小天体撞击地球的潜在危险。自航天时代以来，这些小天体就成为当代最活跃的探测对象，惊奇的新发现和研究成果纷至沓来。这些成果经新闻媒体的热播，不仅让公众愉悦赏识，而且激励了青少年参与天文观测或研究的志趣。

1976 年 3 月 8 日的吉林“陨石雨事件”轰动世界，天外来客——陨石大多来自小行星。而小行星的起源是戴文赛教授拟定的研究选题。戴教授是我国现代天文教育和研究的奠基者，虽然在“文革”期间受到批斗，但他一重新回归工作岗位就力挽耽误多年的天文事业，组织学术研讨班，策划我国的天文学科新教材的编撰，以身作则开拓太阳系起源研究，他的创业精神和高尚品德感染了同行，进而带动了我国天文事业的崛起。由于戴教授平时工作繁忙和年老多病，就让我做他的助手。本人才疏学浅，既为此高兴，又有所畏难。他亲切地教诲我要树立雄心和信心，给予具体引导和安排。经大量调研，他对太阳系起源有了新看法，开始有了突破性成果。当时，众多学者对小行星起源的看法不一，缺乏论证。而戴教授认为，小行星是行星形成过程遗留的半成品，并予以理论定量计算论证。由于当时没有计算机，我们只能利用复杂的函数表来手工计算，并将其结果准确计算到五位数，而戴教授却更准确计算到七位数（仅算稿就有几大本），终于得到了满意结果。而当发现冥王星卫星的消息传出后，他即拟出提纲，否定了当时流行的冥王星是来自海王星卫星的概念，而提出了冥王星与天王星及其卫星一样是独立形成的独特看法，并做出理论计算论证。正当研究工作深入开展时，戴教授不幸被确诊为癌症晚期，在他住院治疗期间，仍筹划我国的天文发展计划，审定遗著《太阳系演化学（上册）》，接待美国天文学家的来访。就是在他去世的前三天，他还指导《中国大百科：天文卷》编审工作。戴老去世后，时过境迁，课题无着落，我仅能勉强坚持续写和出版了《太阳系演化学（下册）》和开设选修课。尤其是我无岗退休后，难于实现他的承前启后深入研究的嘱托。但深受戴教授生命不息、耕耘不止精神的感染，我仍继续查阅文献，吸取研究新成果，“与时俱进”地撰写了《行星科学》《新编太阳系演化学》专著和《婵娟之谜——月球的起源和演化》《星空的流浪者——彗星》等科普书，为推动我国相关研究和天文普及略尽微薄之力，聊以告慰戴老在天之灵。

我国小行星泰斗是已故的张钰哲院士，他是发现小行星的第一位中国人，其发现的小行星被命名为中华星。他带领了新中国小行星观测研究进入世界前沿。近些年来，他的后继者建立了先进的近地天体望远镜新基地；成立了更多开展小行星工作的天文台站而且相关人员也在增多。嫦娥二号探月卫星完成探月任务后，于 2012 年 12 月 15 日成功地近距飞越 4179 号小行星图塔蒂斯（Toutatis），拍摄到它的高清晰图像。越来越多的天文爱好者，尤其是青少年参加搜寻并发现很多颗小行星。因此，更多小行星获得了以中国科学家、名人和地区等命名。

虽然我现已年迈体衰，难以直接参加小行星观测研究，但仍有促进此领域更兴盛的夙愿。现今有关小行星文献繁多，良莠不一，颇难查阅。我根据多年的调研体会，编写了这本天文科普书，希望读者能更多地了解小行星知识，同时也希望更多感兴趣的年轻人投入此领域。

本书分为十二讲，前三讲概述小行星的发现和研究意义、小行星的观测、飞船探测；第四到八讲阐述主带小行星的轨道、小行星的性质与类型、小行星的卫星、几颗著名小行星、近地小行星及其撞击地球的影响；第九讲介绍柯伊伯带与弥散盘；第十到十二讲介绍太阳系起源、主带小行星的形成演化、柯伊伯带和弥散盘的形成演化。全书力求文字通俗简练，图文并茂。

本书的出版得到南京大学天文与空间科学学院“国家基础科学人才培养基金——南京大学天文学基地创新型人才培养”项目（项目批准号：J1210039）和“江苏高校品牌专业建设工程项目——天文学”（项目批准号：PPZY2015B114）的资助，甚为感谢！也感谢小行星基金会同仁的关心和帮助，感谢科学出版社编辑的辛苦编审。欢迎广大读者对本书中的缺点和错误批评指正。

胡中为

2016 年 10 月

目　录

一、小行星的发现和观测研究意义

从天文观测到理论探索与预言，再到搜寻与新发现，人类对太阳系的认识不断发展。在天文学史上，小行星的发现是一个里程碑。小行星的演化程度小，为行星的形成和早期演化提供宝贵信息，是太阳系考古遗存；而某些小行星因其潜在撞击地球的严重危害而更受关注。自航天时代以来，小行星的探测研究成为热门领域之一，意义深远。

1. 小行星的发现

图 1.1 是地球和另外五颗行星绕太阳公转的轨道图，可以察觉出行星轨道有什么特征或规律吗？天文学家早就感到火星和木星的轨道间距太大，开普勒推测此间距内应当有一颗未知行星。

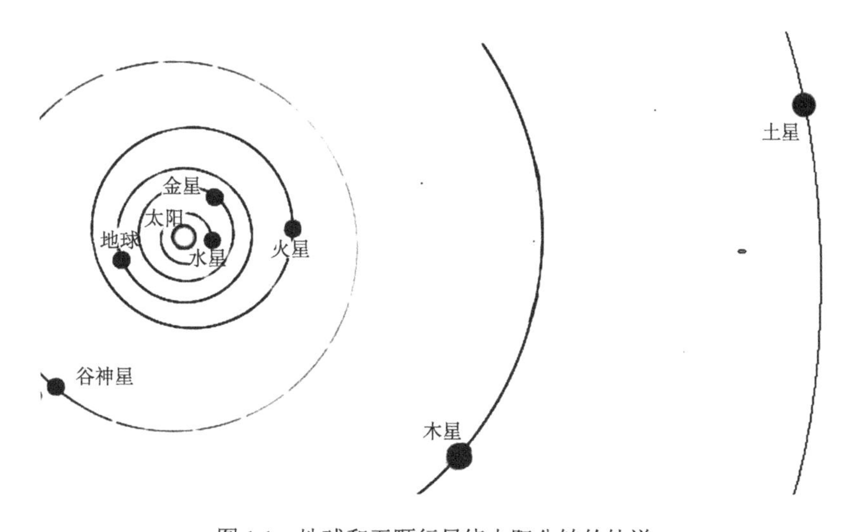

图 1.1　地球和五颗行星绕太阳公转的轨道

1766年，德国中学教师提丢斯（J. D. Titius）发现，已知行星轨道半长径值可组成简单的数列。后来，柏林天文台台长波得（J. E. Bode）进一步总结了这一规律并广为宣传，故称为“提丢斯-波得定则”，其表达式可以写为：$a_n=0.3\times2^n+0.4$（AU）（天文单位）。对于水星、金星、地球、火星、木星、土星，序数 n 分别为 $-\infty$、0、1、2、4、5（如图1.2）。哎呀！怎么缺少 $n=3$ 的相应行星呢？1871年，赫歇尔（F. W. Herschel）发现了天王星，其轨道半长径（19.19 AU）与计算值 a_6 =19.6 AU 接近，成为提丢斯-波得定则的有力支持。因而推测，应存在一颗相应于符合提丢斯-波得定则 a_3 =2.86 AU 的未知行星呢！于是，天文界掀起搜寻这颗未知行星的热潮，Baron von Zech 曾组织24位天文学家系统地搜寻这颗未知行星，但是没有取得成果。

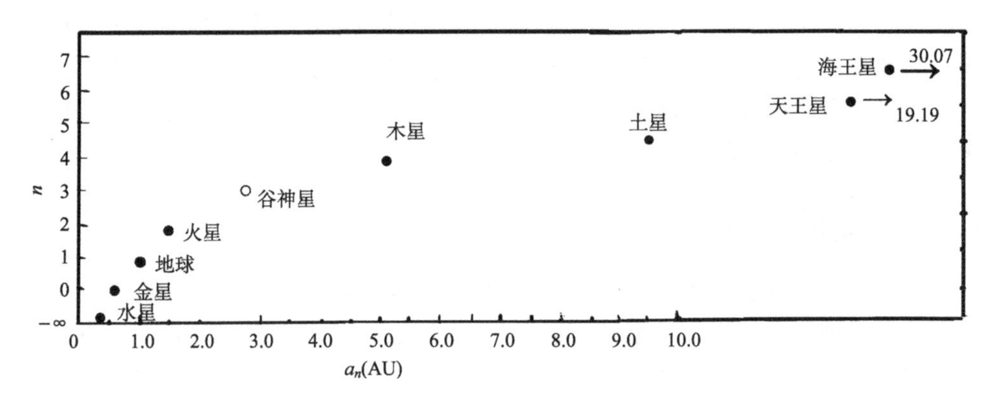

图1.2 行星公转轨道半长径的次序

1801年元旦之夜，不在上述搜寻天文学家之列的西西里天文台台长皮亚齐（G. Piazzi），在进行金牛座巡天观测时，偶然发现了一颗星图上没有的星。次日，该星相对于背景恒星逆行了4角分，随后沿此方向一直逆行到1月12日，而后改为顺行。他认为该星是一颗彗星，立刻把该发现写信报告给波得。此后皮亚齐便生病了，无法继续观测。然而他的信历经了很长时间才到达哥达[①]，直至3月20日，波得才收到来信，而这时那颗星已经向太阳方向运动，无法再被找到了！

那时，高斯发明了一种计算行星和彗星轨道的方法，用这种方法只需要几个位置点就可以计算出一颗天体的轨道。高斯读了皮亚齐的发现后就将这颗天体的位置计算出来送往哥达。奥伯斯（H. Olbers）于1801年12月31日晚重新发现了这颗星。后来，它被正式命名为 Ceres（谷神星）。1802年奥伯斯又发现了另一颗天体，命名为 Pallas（智神星）。随后，新的天体陆续被发现，1803年发现 Juno

① 哥达：德国中部城市

（婚神星）[①]，1807 年发现 Vesta（灶神星）[②]，到 1845 年又发现义神星[③]。这些天体都比行星小得多，于是就称作“小行星（asteroid，minor planet）”。后续的搜寻发现更多更小的小行星，但确实不存在那颗预想的行星。

国际天文学联合会（International Astronomical Union，简称 IAU）的小行星中心（Minor Planet Center，简称 MPC）设在史密松天体物理台（Smithsonian Astrophysical Observatory，简称 SAO），负责太阳系小天体的证认和命名，也负责有效收集和传播它们的位置观测和轨道计算，发布下列期刊：

《小行星通告》（MPCs——Minor Planet Circulars，一般每个月发布一次）；

《小行星通告：轨道补充》（MPO——Minor Planet Circulars Orbit Supplement，每年发布）；

《小行星通告：补充》（MPS——Minor Planet Circulars Supplement，每年发布 3 或 4 次）；

《小行星电子通告》（MPECs——Minor Planet Electric Circulars，按需要发布，一般至少每天一次）。

现今对观测和搜寻小行星有志趣的青少年越来越多，却受望远镜仪器和情报等条件所限而难于实现所愿，但近年有了参加搜寻活动的好机会，且取得可喜的成果。

国际小行星搜寻活动（International Asteroid Search Campaign，简称 IASC 活动）是美国 Astronomical Research Institute（ARI, Charleston, IL）、Hardin- Simmons University（HSU, Abilene, TX）、Hands-On Universe（HOU, Lawrence Hall of Science, University of California, Berkeley）联合发起，提供望远镜和专家队伍，组织和指导国际学生，基于互联网对实时天文观测图像数据进行分析处理并获得原始发现的联合行动。这些发现包括小行星（Asteroid）、近地天体（NEO）、柯伊伯带天体（KBO）、超新星（SNe）和活动星系核（AGN）等。参加这个活动的学生（中学生和大学生）的任务是接收观测图像数据，使用指定的软件工具分析找出候选移动目标，按要求格式上传结果。这些结果经 ARI 证认，最终由国际天文学联合会的小行星中心（MPC）确认。

IASC 活动的中国主办方为 China Hands-On Universe（国际 Hands-On Universe——“动手学天文”的中国组织，依托于中国科学院国家天文台，简称中国 HOU），2008 年共举办了三期活动。第一期 IASC 活动自 2 月 1 日至 3 月 14 日，历时 40 天，有中、德、日、摩、波、葡、美等 7 个国家参加，共发现 1

---

① 发现者：德国天文学家卡尔·哈丁（K. Harding）

② 发现者：奥伯斯

③ 发现者：德国天文学家卡尔·路德维希·亨克（K. L. Hencke）

颗主带小行星和 3 颗近地小行星。北京师范大学、中国人民大学附中、中国民航大学、河北师范大学、北京航空航天大学附中、北京八一中学、北京第三十五中学等学校的 19 位师生参加；完成了天文应用软件的学习，处理数据 29 组、上传结果 34 组、合作翻译文章 1 篇，证认了一颗近地小行星，取得了难能可贵的成绩。第二期活动为同年 3 月 17 日至 4 月 30 日，有北京第四中学、北京第三十五中学、北京汇文中学等学校参加，取得 1 个主带小行星发现，1 个虚拟撞击体观测，4 个近地天体证认结果。第三期活动为 2008 年 12 月 5 日至 2009 年 1 月 22 日，有 14 个学校参加，发现主带小行星 1 颗，证认近地天体 4 颗，获得虚拟撞击体观测结果 4 次。2012 年 9～10 月，江苏天一中学天文社创纪录地发现 10 颗主带小行星。

到 2016 年 6 月 20 日，小行星中心已有 709706 颗小行星的轨道，其中有永久编号的有 469275 颗（如图 1.3）。

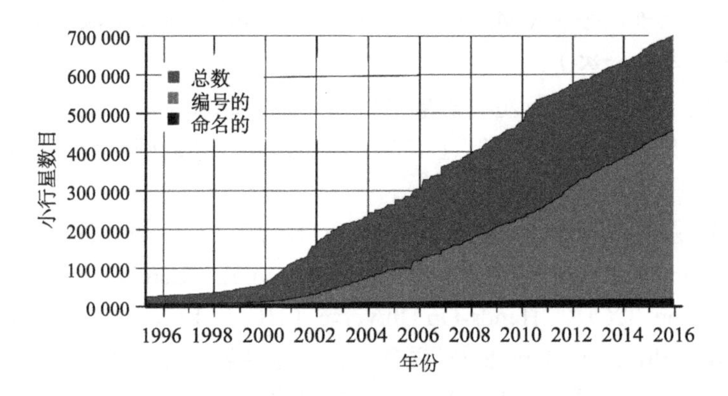

图 1.3 小行星的发现数目

2. 小行星的命名和编号

最早发现的小行星以希腊和罗马神话的人物命名，如上述的谷神星、智神星、婚神星、灶神星，且赋予代表符号。随着小行星的发现数目增多，这样的命名法遇到两个困难：神话人物名字不够；符号越来越复杂，不利于记忆和辨别。于是，这种命名方式开始被打破。第一颗以非神话人物命名的是 20 号小行星 Massalia，用以纪念港口城市马赛。个别小行星有不太严肃的怪名，如 482 号 Petrina 和 483 号 Seppina 以发现者的宠物犬命名，2309 号 Mr. Spock 以发现者的猫命名。虽然后来国际天文学联合会禁止用宠物命名，但仍有用其他怪名的，如 4321 号 Zero、6042 号 Cheshirecat、9007 号 James Bond、13579 号 Allodd 以及 24680 号 Alleven。

1854 年，德国天文学家恩克（J. F. Encke）在《柏林天文年鉴》中提出，用带圆圈的阿拉伯数字为小行星编号。1867 年，他又以括弧代替圆圈，现在也常不用括弧。例如，（1）Ceres 或 1 Ceres（谷神星）、（2）Pallas 或 2 Pallas（智神星）、（4）Vesta 或 4 Vesta（灶神星）、（433）Eros 或 433 Eros（爱神星），（1566）Icarus（伊卡鲁斯）、（1862）Apollo（太阳神阿波罗）、（2101）Adonis（阿多尼斯）。部分小行星的轨道见图 1.4。

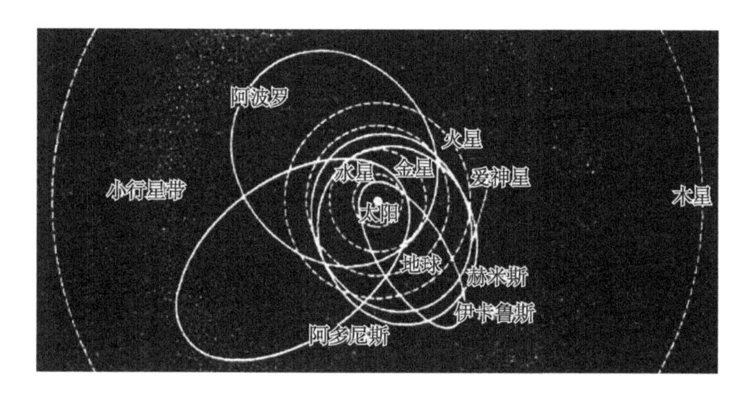

图 1.4　几颗小行星的轨道

太阳系的小天体通常是暗的，仅在它们运行到离地球较近时，才容易被发现和观测到。这些小天体主要有彗星与小行星两类（除自然卫星外），彗星可出现朦胧雾斑（彗发）特征，而小行星则总是似恒星的亮点。当“猎星者”在背景恒星场中新发现一颗未知的游荡小天体，如果不出现彗星特征就可初定为小行星。在多次观测定出该小行星的轨道后，给予暂用名，即以发现年代后加两个拉丁字母（不用字母 I）：第一个字母表示发现于哪半个月（上半月为 1 日到 15 日，下半月为 16 日到月末，如 A 和 B 表示 1 月的上半月和下半月，C 和 D 表示 2 月的上半月和下半月，……，X 和 Y 表示 12 月的上半月和下半月）；第二个字母表明是该半月发现的第几颗，字母不够再加数字，例如，1991 AQ 是 1991 年 1 月上半月发现的第 16 颗小行星，2007DH1 是 2007 年 2 月下半月发现的第 33 颗小行星。由观测算出轨道后，再经过两次回归观测之后，国际天文学联合会的小行星中心给予正式永久编号，就是冥王星等矮行星也给予小行星编号。随着小行星的发现数目迅速增多，现在的编号已达 6 位数字。

一些小行星还获得永久命名。例如，（4179）Toutatis（北欧凯尔特人神话中的“战神”名字）、（50000）Quaoar（创神星）、（69230）Hermes（赫米斯）。现在常由发现者提名，由国际天文学联合会小行星中心给予小行星正式命名。提名规定：名字不超过 16 个字母；最好是一个单词；名字（在某语言）可拼读；名字不具有冒犯性；跟已有小行星或卫星的名字不过于相近。还规定：主要以政治或军事活动闻名的人物或事件的名字命名，需要当事人死亡或事件结束 100 年后才可以用于小行星命名；宠物、纯粹的或主要为商业性的名字不可作为命名。常用科学家或名人、国家和地名以及其他来命名，如（8000）Isaac Newton（牛顿）、（1000）Piazzia（皮亚齐）、（2000）Herschel（William Herschel，赫歇尔）、（2001）Einstein（爱因斯坦）、（25143）Itokawa（系川）、（4000）Hipparchus（依巴谷）、（7000）Curie（Maria Skłodowska-Curie，居里夫人）、（1010）Marlene（玛丽娜）、（293）Brasilia（巴西）、（1499）Pori（波兰城市）、（134340）Pluto（冥王星）、（136199）Eris（阋神星）。

（139）Juewa（瑞华）是美国天文学家华生（J. C. Watson）于 1874 年在中国发现的，为了表示对中国的敬意和友好，恳请清朝赐予“瑞华”——意为“中国的福星”，他还把回国后发现的小行星命名为（150）Nuwa（女娲）。第一颗由中国人发现的小行星是 1928 UF，命名为中华，后来失踪多年，之后找到类似轨道的 1957 UN_1，在 Wikipedia（维基百科）的小行星表（list of minor planets）分列为（1125）China（中华）和（3789）Zhongguo（中国）。以中国人命名的小行星已有 100 多颗，包括科学家和名人，如 1802 Zhang Heng（张衡）、1888 Zu Chong-Zhi（祖冲之）、1972 Yi Xing（一行）、2012 Guo Shou-Jing（郭守敬）、2027 Shen Guo（沈括）、7853 Confucius（孔子）、7854 Laotse（老子）、1881 Shao [邵（正元）]、2051 Chang [张（钰哲）]、2240 Tsai [蔡（章献）]、2752 Wu Chien-Shiung（吴健雄）、3014 Huangsushu（黄授书）、3171 Wangshouguan（王绶琯）、3405 Daiwensai（戴文赛）、3421 Yangchenning（杨振宁）、3443 Leetsungdao（李政道）、3763 Qianxuesen（钱学森）、25240 Qiansanqiang（钱三强）、7681 Chenjingrun（陈景润）、7683 Wuwenjun（吴文俊）、8117 Yuanlongping（袁隆平）、8315 Bajin（巴金）、2899 Runrun Shaw（邵逸夫）、2963 Chen Jiageng（陈嘉庚）、9512 Feijunlong（费俊龙）、9517 Niehaisheng（聂海胜）、21064 Yangliwei（杨利伟）……；也有以在国际科学与工程大赛先后得奖的 20 多名学生命名的，如 11730 Yanhua（华演）、20641 Yenuanchen（严婉祯）、21436 Chaoyichi（赵依祈）……。有以地名命名的，如 2045 Peking（北京）、2197 Shanghai（上海）、2209 Tianjin（天津）、2077 Kiangsu（江苏）、2078 Nanking（南京）、3494 Purple Mountain（紫金山）、3611 Dabu（大埔）、4273 Dunhuang（敦煌）、2169 Taiwan（台湾）、3297 Hong Kong（香港）、8423 Macao（澳门）……；也有以机关学校命名的，如 3901 Nanjingdaxue（南京大学）、7072 Beijingdaxue（北京大学）、8050 Beishida（北师大）、7800 Zhongkeyuan（中科院）、59000 Beiguan（北京天文馆）、5013 Suzhongsanzhong（苏州三中）……；还有其他，如 4047 Chang’E（嫦娥）、8256 Shenzhou（神舟）……

3. 太阳系成员的分类

太阳系是由太阳、八颗行星和五颗（及更多）矮行星及它们的卫星、众多的小天体（小行星、彗星……）以及行星际物质组成的天体系统。太阳质量占太阳系总质量 90%以上，位于太阳系中心，在太阳的引力作用下，太阳系其余成员——可以统称为“行星体（planetary bodies）”——都绕太阳公转（如图 1.5），这个系统也常称为“我们的行星系”。

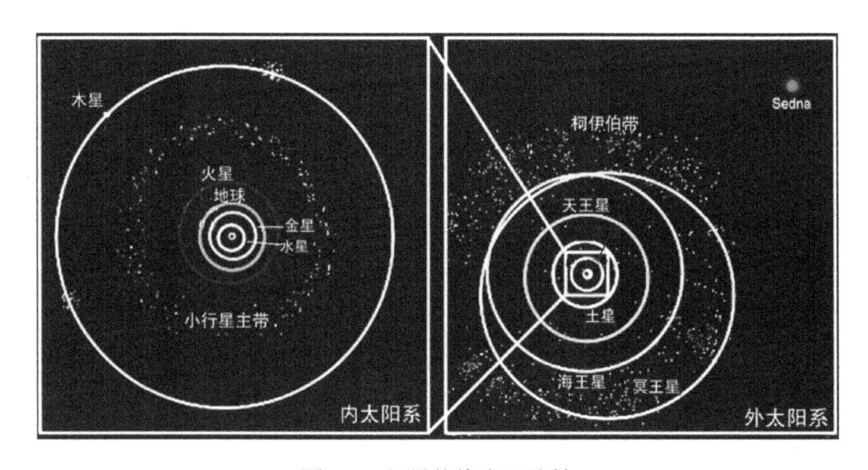

图 1.5 行星体绕太阳公转

Sedna 为太阳系内目前已知的距离太阳最遥远的星体（矮行星）

随着科学技术的进步，越来越多的太阳系成员被发现，进而将它们按性质的相似性和差别划分类型，完善或更新有关概念。依据现代的认识，太阳属于有内部热核反应能源的普通“恒星”类的天体，而其他太阳系成员则是没有内部热核反应能源的“行星体”。2006 年 8 月 24 日，国际天文学联合会（IAU）第 26 届大会通过的决议中说，当代的观测正在改变着我们对行星系的认识，重要的是，天体的命名反映目前的认识。这特别适用于“行星（Planet）”称号。“行星”一词原先表述的是几颗在星空背景恒星间移动的“游荡星”。近年来的发现导致我们需要用现有科学信息创立新的定义。IAU 决定：太阳系内的行星和其他天体按照下列方式明确地定义为以下三类。

◆行星

（a）在环绕太阳的轨道上运行；（b）有足够大的质量，靠自身引力克服各种刚性彻体力，以致呈现一种流体静力平衡（几乎圆球）形状；（c）清除了其轨道附近的其他天体。在此定义下，太阳系仅有 8 颗行星：水星、金星、地球、火星、木星、土星、天王星和海王星。

◆矮行星（dwarf planet）

（a）在环绕太阳的轨道上运行；（b）有足够大的质量，靠自身引力克服各种刚性彻体力，以致呈现一种流体静力平衡（几乎圆球）形状；（c）没有清除其轨道附近的其他天体；（d）不是一颗卫星。在此定义下，目前太阳系有5颗矮行星：谷神星（Ceres）、冥王星（Pluto）、阋神星（Eris）、鸟神星（Makemake）和妊神星（Haumea），将来可能会有更多候选天体列入此类。

◆太阳系小天体

其他环绕太阳运行的天体（除自然卫星外）都属此类，包括小行星、彗星，也包括流星体。

由于历史沿革，小行星术语有相当复杂的发展变化（如图1.6）。习惯上，绕太阳公转的小天体分类为彗星、小行星、流星体。小行星与彗星有显著的差别：彗星的本体——彗核是较小的冰和尘埃冻结体，它们受太阳辐射作用而升华、形成体积很大的彗发及彗尾活动；而小行星基本是岩体的，不呈现彗星那样的活动；彗星轨道比小行星轨道扁长。流星体过去一般是指小于10米的，然而，随着小于10米的小行星的发现，则把约小于1米的作为流星体。小行星的英文“asteroid”来源于希腊词“似恒星”，但没有正式定义；国际天文学联合会倾向于用更广义的术语“minor planet”。

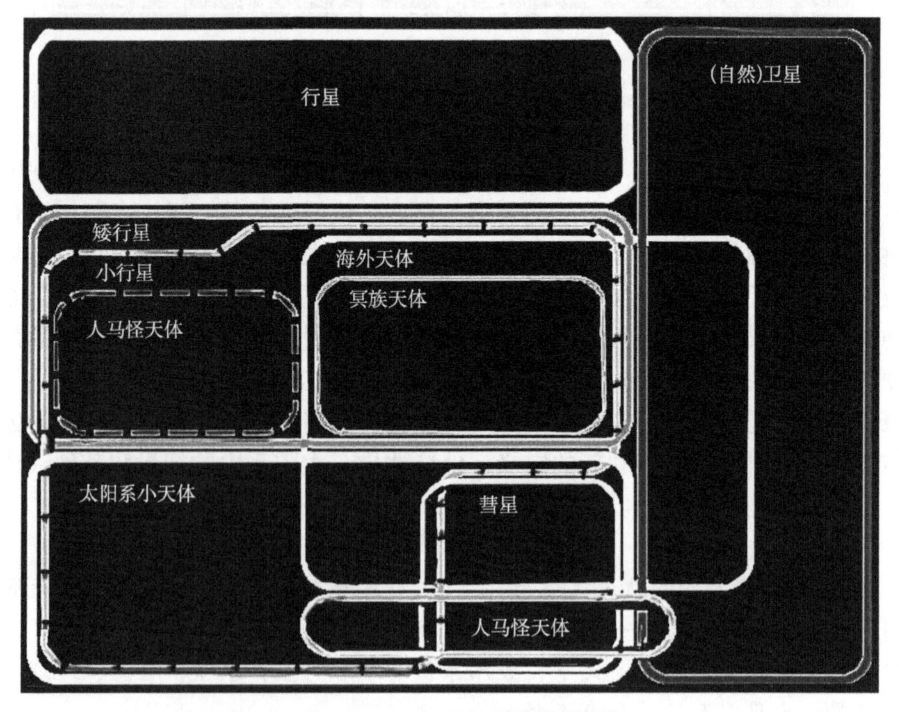

图1.6 太阳系行星体的类型

早期观测到的小行星大多是在火星与木星轨道之间的"主带小行星"。1977年发现的小行星（2060）Chiron（喀戎）运行于土星与天王星的轨道之间，但它在1988年突然增亮，观测到它有彗发，又赋予它彗星之名（2060）Chiron=95P/Chiron。类似地，小行星（4015）Wilson-Harrington也就是彗星107P/Wilson-Harrington。此后，在外行星区（离太阳20～50AU）又发现类似它的天体，仍沿用小行星命名，但划归为新类，借用希腊神话称它们为"Centers"——人马怪天体。近些年来，在海王星轨道外发现一些小天体——"海外天体"，它们分布在离太阳30～55 AU，称为"Kuiper Belt（柯伊伯带）"及其外的"Scattered Disk（弥散盘）"区域，其中很多是类似于冥王星的"Plutoids（冥族天体）"。如上节所述，包括矮行星的这些小天体，习惯上都赋予小行星编号。此外，绕行星及"海外天体"旋转并同时随其一起绕太阳公转的天体统称为"Satellites（natural）——（自然）卫星"。

4. 观测研究小行星的意义

如前所述，搜寻火星与木星轨道之间的未知行星未果，却发现了很多小行星。起初以为这些小行星是一颗行星爆裂的碎块，但缺乏科学根据。随后，寻找热潮虽然经历一段较冷落时期，但小行星的观测研究后来却更发展和兴盛起来，成为当代最活跃的领域之一，尤其是先后发送多艘飞船去探访某些小行星。这是为什么呢？探索小行星有什么重要意义？

（1）探索行星和太阳系的起源。这是有实际价值的一个自然科学基本问题。地球和其他行星都经历了严重的演化，丧失了其形成和演化早期的遗迹。例如，地球经历了"沧海桑田"的演化，地球表面积的98%是后半期形成的，90%是近6亿年内形成的，不能从地球本身考查得出其形成和早期演化历史。依据观测资料和理论研究，行星形成过程是：由原始太阳星云中的凝固颗粒逐步聚集、形成越来越大的"星子"，大星子成为"行星胎"，再吸积星子等物质而生长为行星。因为小行星形成区的可吸积物质匮乏，那里的大星子不能进一步成长为行星，而停留为"半成品"的小行星。由于行星的引力摄动，一些小行星轨道变化大，高速碰撞而破碎为小的小行星。而且，由于小行星自身演化程度小，保留了早期的一些状况，成为太阳系考古的遗存。小行星是陨落到地球上的陨石母体，通过对陨石的仔细分析研究，可以提供小行星的、进而提供行星和整个太阳系的起源和早期演化的重要信息，诸如太阳系的原始成分和形成演化的时间历程。

（2）探索小行星撞击地球的影响。小行星容易受大行星的引力摄动而经常改变轨道，乃至撞击—陨落到行星上。因此人类尤其着重搜寻和监测有潜在撞击地球威胁的小行星，推算其未来的行径，及时预报其撞击地球的可能性。虽然真正撞击的概率很小，然而，一旦发生撞击，其危害可能超过大地震、火山爆发、海啸、核战等，因此需要采取适当的措施，如发射航天器将其击毁或转移走，或采取一定的防御措施而减少危害。月球和水星上有大量的古老陨击坑和陨击盆地，类地行星可能都经历过早期的严重陨击期，对它们的演化起重要作用。地球早期受到这样的陨击更多、规模更大，促使地球大气和海洋的形成，甚至生命的起源可能都与此有关。虽然地球上的古老陨击遗迹被后来的地质过程严重改造而丧失，但尚保存的陨击构造也显示出小行星撞击的严重影响，例如，墨西哥尤卡坦半岛的奇科苏卢布（Chicxulub）陨击构造产生于6500万年前，推算是一颗不到10公里的小行星或彗星陨击所致，这次撞击引起巨大海啸和全球回荡的地震，陨击抛出富含水汽的尘埃雨升腾到大气中，笼罩地球，后来又落回地球而形成全球的白垩纪末地层，也造成大规模生物绝灭。

（3）探索小行星与陨石之间的直接关系。除了月球和火星陨石，绝大多数陨石都来自小行星的碎片。目前全世界已收集到3万多块陨石样品，其中80%是普通球粒陨石，其余为碳质球粒陨石、顽火辉石球粒陨石和分异陨石（无球粒石陨石、石铁陨石和铁陨石）。原始球粒陨石自形成以来没有受过重大变质作用，其化学成分与太阳系平均组成非常相似，它们是原始太阳星云凝聚分馏的产物，代表了太阳系最原始的物质组成；而分异陨石的化学成分和矿物组合变化很大，从玄武质无球粒石陨石，到石铁陨石和铁陨石，它们是太阳系早期小行星内部岩浆熔融分异的产物。要充分认识这些陨石的特性以及它们在太阳系形成过程中的作用，我们必须首先了解陨石的来源和陨石母体的特征。长期以来，天文界一直试图寻找陨石与小行星的关系。如果能确定某种陨石来自某一特定类型的小行星，那么分析研究这些陨石样品就可以了解小行星的形成、内部熔融分异和演化历史。最常见的普通球粒陨石的母体小行星应该普遍存在于小行星带内，然而，天文观测并没有找到与普通球粒陨石的反射光谱相同的主带小行星，这是当今行星科学的一大困惑，寻找这种母体小行星也成为重要任务。

小行星和陨石之间有很多相关问题还没有解决。例如，C型小行星与碳质球粒陨石的反射光谱相似，但前者的比重却只有后者的一半，可能是由于C型小行星含有20%的水。然而，S型小行星的比重也比球粒陨石低，这是否说明所有小行星都含水？还是小行星内部具有特殊的松散结构？要解决这些问题，仅靠实验室的陨石分析和地面望远镜观测小行星是不够的，而需要飞船探访小行星，包括直接采集小行星样品带回地球进行实验分析，并跟天文观测数据和陨石分析结果结合，来确定陨石和小行星之间的直接关系。

（4）探索小行星及类地行星母体内部的熔融分异机制。陨石研究表明，大多数陨石（85%）自形成以后没有发生重大变化，较完整地保留了原始太阳星云凝聚分馏和演化的历史，这些陨石的母体小行星内部没有发生高温熔融分异过程，代表了太阳系原始物质组成。而有些陨石（无球粒石陨石、石铁陨石和铁陨石）则明显是岩浆熔融分异结晶的产物，表明它们的母体小行星内部发生了大规模的高温熔融分异过程，如同地球、火星那样形成核、幔、壳的结构。为什么有些小行星在太阳系形成初期内部发生了高温熔融分异，而有些小行星却在形成以后没有发生重大的地质作用？是什么物理机制使小行星内部发生了熔融现象？内部发生熔融分异过程的小行星在太阳系内的空间和时间上的分布规律是什么？尤其是大的主带小行星 1 号“谷神星”是原始型小行星，而 4 号灶神星却是熔融分异型小行星，它们为什么差异如此之大？这成为“黎明号”飞船探测它们的重要任务。

（5）探索太阳系原始物质和外来物质。全世界已收集到 3 万多块各种类型的陨石，大多可能来自 S 型、C 型和 M 型小行星。但是还有很多类型的小行星，如 T、D、O、Ld 型等，与其相对应的物质却不在陨石之列。这些类型的小行星物质的化学成分和矿物组成有什么特性？是否代表了太阳系的原始物质？有没有经历水变质和热变质作用的影响？对这类小行星的深空探测有望能为我们提供新的线索。

现代实验室同位素分析表明，有些陨石含有短寿期放射性同位素 ^{26}Al、^{41}Ca、^{53}Mn、^{60}Fe 等，有些陨石含有前太阳系恒星尘埃，如金刚石、石墨、SiC、Si_3N_4、刚玉、尖晶石、黑铝钙矿、TiO_2 和硅酸盐。这些都是由邻近的恒星向太阳系原始星云注入的物质，它们或者是星际介质的分子，或者是恒星大气中的尘埃，含有大量恒星形成和演化过程的信息。然而，在陨石中寻找恒星物质非常困难，只在少数原始球粒陨石中找到了恒星物质。但是，具有同样类型和特性的小行星数量很多，深空探测采集小行星样品返回地球，可能为我们提供新的恒星物质类型，有助于进一步认识恒星的形成和演化历史，及恒星对太阳系形成所起的作用。

（6）揭示生命起源。小行星含有有机成分，可为研究地球上的生命起源提供新线索，其中氨基酸是生物功能大分子蛋白质的基本组成单位。它们由陨石、彗星和宇宙尘埃带入地球，为地球布下了生命的种子。生命可能就是从这些有机物中发展和演化而成。

碳质球粒陨石含有多种有机分子，包括氨基酸、咖啡因、嘧啶磷等生命起源所需的重要有机分子。C 型小行星的反射光谱与碳质球粒陨石非常相似，表面物质富含碳和水，有机物含量也很高。从 C 型小行星上采集样品返回地球，将对研究生命的起源有极其重大的意义。

（7）为以后征服太空，利用和开发太空的自然资源做好准备。水在生命起源和演化过程中起非常重要的作用；同时，水又是重要的自然资源。C 型小行星含有近 20%的水。从小行星运送水资源到空间站要比从地球上运送更容易，可节省大量能源，因此可将小行星作为人类空间探测的水源补给站。除水以外，小行星还蕴藏其他稀有金属和矿产资源，可开发利用。M 型小行星是由金属组成，其中含有大量贵金属，如 Au、Ru、Rh、Pd、Os、Ir 和 Pt。据估计，一颗直径 1 公里的 M 型小行星含有约 40 万吨的贵金属，目前的市场价高达 50000 亿美元。

（8）试验和开发航空航天新技术，促进国民经济的全面发展。小行星是人类深空探测“天然的跳板”。通过把数百吨的小行星置于地月引力系统或近地空间，航天员可以通过几周的航行就抵达小行星进行探测，显著降低任务成本；小行星可作为中转站，为人类建设空间设施以及星际航行转移系统提供大量基础材料。小行星的探测工作还有很多技术是开创性的。深空探测技术的发展带动了计算机、通信、测控、火箭、激光、材料、医疗等一系列基础科学和高新技术的全面发展。这些技术转变为民用后，可以多方面改善人们生活的方式和品质，促进国民经济的发展。航天事业与国防建设密切相关，海陆空立体战争要求对目标实施精确打击，需要精准的导航系统和完善的通信系统。目前，中国已做过小天体探测策略、小天体目标选择、小行星预警与防御技术等前期研究，并已展开小行星资源开发与利用研究。可以预料，航天事业的发展将对未来经济发展和国防建设起到主导作用。

5. 我国的小行星工作

我国著名天文学家张钰哲（1902～1986）长期致力于小行星和彗星的观测和轨道计算工作，为发展中国现代天文事业做出了杰出贡献。

他早年留学美国，于 1928 年发现一颗小行星，编号 1125，是第一颗由中国人发现的小行星，为表达对祖国的热爱，命名为 China（中华），但后来这颗小行星失踪了。1957 年他在紫金山天文台找到一颗轨道类似的小行星，用来取代小行星（1125）China。直至他逝世后一个月，人们才寻回原先发现的那颗小行星，并赋予新命名（3789）Zhongguo（中国）。

此外，他的研究还包括日食、恒星天文、航天和中国天文学史等方面。他开创了我国小行星、彗星的探索，发现了 1000 余颗新的小行星，并计算了它们的轨道，发表了一批有价值的论文，曾获 1978 年全国科学大会奖和 1987 年国家自然科学奖二等奖。国际小行星中心将第 2051 号小行星命名为“张”（Chang），以表示对他的纪念。1990 年，邮电部发行了中国现代科学家纪念邮票，有一枚就是纪念他的（如图 1.7）。

图 1.7　张钰哲纪念邮票

戴文赛（1911～1979）是现代天体物理学、天文哲学和现代天文教育的开创者与奠基人之一（如图 1.8）。他于英国剑桥大学获博士学位，1941 年回国，历任中央研究院天文研究所研究员、北京大学教授、南京大学教授和天文系主任、

图 1.8　戴文赛（1911～1979）

国家科委天文学科组副组长、中国天文学会副理事长。经过一系列的研究，他建立了一种太阳系起源新星云说，并获首届科学大会奖。1976 年，本书作者胡中为成为戴教授的助手，然而他不幸得了癌症，但直到癌症晚期他仍坚持指导研究和著述，其中重要成果就包含小行星形成的研究和《太阳系演化学（上册）》的出版等。小行星 3405（Daiwensai）便是以其命名的。

美籍华裔天文学家邵正元（1928～2006）1953 年考入美国哈佛大学，获得天文学博士学位后留校任教，一直在史密松天体物理中心从事天文观测和研究，直至退休。他一生从事天体物理和行星天文学研究，在行星研究和观测方面取得了举世瞩目的成就，国际天文学联合会为表彰他在流星、小行星、彗星方面的杰出贡献，将小行星 1881 命名为 Shao [邵（正元）]。他曾多次回国讲学，足迹遍及上海、南京、北京、昆明等地的科学院校和天文台。他无私捐赠给紫金山天文台多种天文设备及观测仪器，向中国科学院捐赠各类书籍 25000 多册。他大力鼓励和扶持中国天文爱好者从事天文观测活动，出资设立“张钰哲彗星奖”。他发现七颗小行星，为永远纪念故土——老子故里鹿邑，将小行星 4776 命名为“鹿邑星”；另几颗以中国天文学家命名，（2051）Chang（张钰哲），（3797）Ching-Sung Yu（余青松），（2240）Tsai（蔡章献），（4670）Jiaxiang（张家祥）等。

张家祥（1932～）自 1951 年便在紫金山天文台工作，主要从事小行星、彗星的观测、探索发现与轨道计算研究。1955 年 1 月 20 日，他跟张钰哲先生拍摄到一颗小行星，计算出轨道后得到命名 1955 BG，这是中国人在本土发现的第一颗小行星，后命名为紫金 1 号。1961 年紫金山天文台成立行星研究室，时任台长张钰哲先生兼任室主任，张家祥任副主任，并与合作者共同发现 100 多颗获国际永久编号的小行星。此后，他接续老台长的室主任之职，成为带头人和研究生导师，创立了太阳系天体动力学数值模型，预报的 Shoemaker-Levy 9 号彗星撞击木星时间达到国际水平。随后，他在纽约联合国大厦召开的“国际预防近地天体撞击地球学术讨论会”上，提出建造中国近地天体望远镜和天文基地的设想。1999 年，这项工程启动，他任首席科学家。1996 年，他把自己的高足、已任中国人民解放军南京炮兵学院计算机教研室主任的李广宇（1945～）教授动员调回到天文台参加该工程。1999～2005 年，李广宇担任近地天体探测和太阳系天体研究首席研究员，组建和发展了研究队伍。尤其是他为赵海斌选定了博士研究课题“近地小行星探测和危害评估”，不负所望，2006 年，赵海斌主持近地天体望远镜在盱眙基地安装调试和试观测成功，其博士论文获中国科学院院长奖，并于 2010 年破格晋升研究员，担任观测站长。图 1.9 是张家祥、李广宇和赵海斌师徒三人。

图 1.9　近地天体望远镜与天文学家张家祥（中）、李广宇（左）、赵海斌（右）师徒三人

近地天体探测望远镜是我国口径最大的施密特望远镜，配备性能优良的漂移扫描 CCD 探测器，主要用于搜索发现可能威胁地球的近地小行星，保卫地球安全，还可以拓展进行其他天文观测工作。它的主镜直径 1.2 米，改正镜直径 1.04 米，焦距 1.8 米，用 CCD 拍摄的极限星等为 22.5 等（曝光 40 秒），原有 1600 万像素升级达分辨率 1 亿像素。数年来发现小行星 1500 多颗，其中 300 多颗已经精确定轨。

20 世纪晚期，北京天文台的“施密特 CCD 小行星”计划名列当时世界第五，年轻的朱进团队用其兴隆站的 60/90 厘米施密特望远镜，在 1994～2001 年发现 2700 多颗小行星，其中 1214 颗取得永久编号。2002 年 9 月，朱进（如图 1.10）调任北京天文馆馆长。此外，他也是国际天文学联合会第 3 分支学科（行星系统科学）组委、第 15 专业委员会（彗星和小行星的物理研究）秘书、第 20 专业委员会（小行星、彗星和卫星的位置及运动）组委、第 55 专业委员会（天文学与公众的沟通）组委。

图 1.10 朱进

近年来，我国参加小行星观测成果和研究的单位和人员日益增多，“嫦娥二号”卫星成功飞越探测（4179）图塔蒂斯小行星，而火星及小行星带的探测计划也成功筹办。同时，我国的天文爱好者也做出越来越多的贡献。例如，香港的业余天文学家杨光宇（1960～）在美国亚利桑那州有“沙漠之鹰”私人天文台，在墨西哥也有自己的遥控天文台，自 1999 年以来，发现 2000 多颗小行星，以李白、杜甫、徐克、邓丽君、林青霞、李安、姚贝娜、呼和浩特等命名的小行星都是他发现的，如今，他已任香港天文学会会长。被誉为天文奇才的叶泉志在 2005 年 17 岁念中学时，就从“近地小行星追踪计划”发布在互联网的图片上甄别出一颗小行星，并通过周密计算测出其轨道，获得国际小行星中心确认的临时编号。他与台湾鹿林天文台合作在 2007 年发现鹿林彗星“C/2007N3（Lulin）”，三年多发现约 800 颗小行星，“穗七中”“中大星”“苏东坡”“汶川星”“海珠石”等都是他发现并提起命名的。陈韬是苏州的业余天文新秀，2005 年发现一颗近地小行星，2008 年跟新疆的高兴合作，发现彗星 C/2008 C1 Chen-Gao，他已发现 200 多颗小行星，并获得美国帕洛玛发现的一颗小行星（19873）命名。

二、小行星的观测

从绕太阳公转的轨道运动特征来说，小行星与行星的轨道运动是类似的；然而，行星的轨道变化少而长期稳定，而小行星的轨道受行星的引力摄动变化较大，尤其某些小行星的轨道变化更大、甚至变为跟行星轨道交叉乃至撞击行星而陨毁。

1. 小行星的轨道根数

一般地说，每颗小行星都在太阳及行星的引力作用下运行。除了运行到行星附近时，小行星所受行星引力作用是很小的，作为很好的近似，可以忽略行星的引力，而只考虑它在太阳引力作用下按椭圆轨道绕太阳做公转运动，也就是作为天体力学的二体问题来处理，也遵循行星运动的开普勒三定律：①绕太阳运动的轨道是椭圆，太阳位于椭圆的一个焦点上（椭圆定律）；②连接太阳到（小）行星的直线（向径）在相等的时间扫过的面积相等（面积定律）；③公转周期 T 的平方与轨道半长径 a 的立方成正比，当 T 以恒星年为单位、a 以 AU 为单位时，$T^2/a^3=1$。

根据万有引力定律可以导出小行星轨道的六个独立根数（如图 2.1）：①轨道半长径 a ，即椭圆的半长轴，它表示轨道大小，常称为小行星到太阳的平均距离；②轨道偏心率 e ，它是焦点到椭圆中心的距离与半长径之比，即 $e=(a^2-b^2)^{1/2}/a$（其中，b 为半短轴），它表示轨道的形状；③轨道（面）倾角 i ，常取行星轨道面对地球轨道面——黄道面的倾角；④升交点黄经 Ω，行星轨道面与黄道面的交线称为交点线，小行星从南向北运动经交点线上的“升交点”，从太阳到春分点方向（即地球赤道面与黄道面的交线）与到小行星轨道升交点方向的交角，称为升交点黄经，轨道倾角 i 和升交点黄经 Ω 表征小行星轨道面的空间位置；⑤近日点角距 ω，小行星轨道椭圆长轴上离太阳最近的点称为“近日点”，而另一端点是“远日点”，从太阳到近日点方向与到升交点方向的夹角，称为近日点角距 ω，它表示轨道椭圆长轴的方向；⑥过近日点时刻 τ，可以取小行星任何一次经过近日点的时刻。

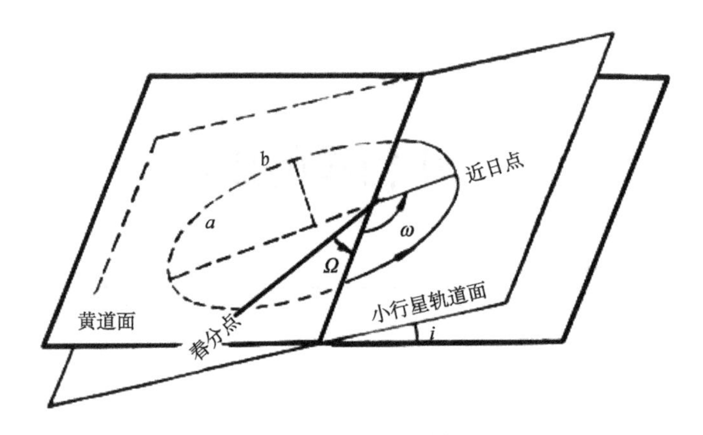

图 2.1 小行星的轨道根数

此外，还常用另一些量表示轨道特征，但它们可以由上述六个轨道要素计算出来，例如，近日距 $q=a(1-e)$，远日距 $Q=a(1+e)$，公转轨道周期

$$T=\frac{2\pi a^{3/2}}{[G(M_{\odot}+M)]^{1/2}}=\left[\frac{M_{\odot}+M_{\oplus}}{(M_{\odot}+M)}\right]a^{3/2}$$

其中，$M_{\odot}$、$M_{\oplus}$和 M 分别是太阳、地球和小行星的质量，a 为小行星轨道半长径（a 的单位是 AU 时，T 的单位是年）。后一式是修正的开普勒第三定律，若忽略比 $M_{\odot}$ 小得多的 $M_{\oplus}$ 和 M，则它就简化为 T^2/a^3＝常数，这就是开普勒第三定律。

一般把二体问题之外的所有作用力称为“摄动力”，把摄动力对二体问题所得轨道的影响（修正）称为摄动。例如，在讨论小行星的轨道运动时，把行星对小行星的引力作为摄动力。考虑摄动力作用时，小行星轨道不再是严格的椭圆，而是近于椭圆的复杂轨道。在某一时刻（称为“历元”）附近，实际轨道用很接近的椭圆轨道（称为“吻切轨道”）代替。因此，对于不同的历元，同一颗小行星的吻切轨道根数不同。例如，灶神星在历元 2008 年 5 月 14 日（JD 2454600.5）的吻切轨道根数为

轨道半长径 2.361 AU
轨道偏心率 0.08917
轨道倾角 7.135°
升交点黄经 103.91°
近日点角距 149.83°

而它在历元 2014 年 12 月 9 日（JD 2457000.5）的吻切轨道根数为

轨道半长径 2.36179 AU
轨道偏心率 0.08874
轨道倾角 7.14043°

升交点黄经　103.85136°

近日点角距　151.19853°

行星的公转轨道运动特性存在近圆性（轨道偏心率小）、共面性（轨道倾角小）、同向性（同方向公转），并符合提丢斯-波得定则（轨道半长径规律）。虽然大多数小行星在一定程度上存在某些共同特征，但有不少小行星或是轨道偏心率大、或是轨道倾角大于90°而逆向公转，很不符合提丢斯-波得定则。例如，2010 CR_5 是一颗阿波罗型小行星，其轨道偏心率为 0.821，沿扁长椭圆轨道从远日距 5.547AU 穿越木星、火星、地球和金星的轨道而到近日距 0.545AU；（138925）2001 AU_{43}的轨道倾角为72.132°，即其轨道面接近垂直于黄道面，顺向公转；EQ169 的轨道倾角为 91.606°，即其轨道面几乎垂直于黄道面、且逆向公转；2013 LA_2 的轨道倾角为 175.189°，即其轨道面虽然接近黄道面、但逆向公转。

2. 小行星的轨道变化

如上所述，由天体力学可以得到二体问题的严格普遍解，而三体和多体问题则仅对一些情况得到近似解。就是八大行星的轨道变化也很复杂，经过长期观测研究，并辅以现代计算机数值模拟，已证明它们轨道是长期稳定的，可以相当准确地计算它们的轨道变化，编制历表，预报有关天象。小行星的轨道易发生变化，尤其在接近行星时变化更大，可以被行星的引力俘获成为行星的卫星，甚至撞击行星而陨毁；小行星之间也可能发生碰撞而瓦解。小行星很小很暗，仅在接近地球时才容易观测到，而远离地球时就可能失踪；虽然原则上可从三次以上的位置观测数据推算其轨道，但准确度不高，因此，需要不断地观测来修正。

考虑太阳、行星和小行星的三体系统。若小行星离行星足够远，则它受太阳的引力为主，受行星体的引力是次要的。若小行星离行星足够近，则它受行星体的引力为主，受太阳的引力是次要的。相对于太阳的引力而言，行星的引力（为主）范围大致是希尔半径 R_H 的“希尔球（Hill sphere）”，除了一个小于 1 的因子，等同于天体力学的限制性三体问题得到的结果，$R_H=(M/3M_\odot)^{1/3}a$ ，其中 M 和 a 是行星的质量和轨道半长径（如图 2.2）。

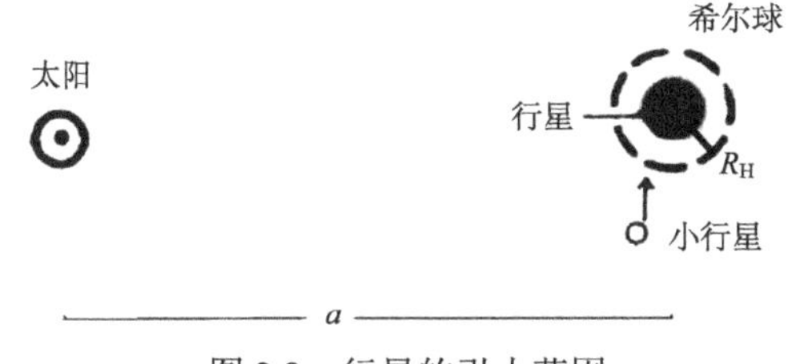

图 2.2　行星的引力范围

小行星运动进入行星的引力范围，就可能被俘获为其卫星、甚至撞击行星而陨毁。小行星和行星在各自轨道绕太阳公转循环运行中，小行星接近行星期间就受到行星较大的引力摄动，若它们的轨道运动周期近于简单的整数比，就可能周期性地被行星引力摄动而发生“轨道共振”（如图2.3）。有些共振区的小行星因轨道变得不稳定而被驱离原来轨道，因而那里成为小行星数目少的“空隙”；然而，行星引力摄动也使得某些轨道共振区的小行星轨道趋于稳定，因而小行星数目多而成为小行星群，例如，跟木星轨道运动周期的1∶1共振的特洛伊小行星群，这将在后面主带小行星的轨道进行论述。

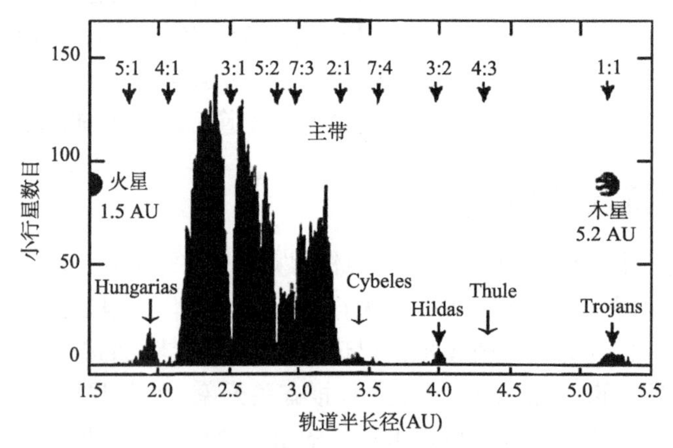

图2.3 小行星的“轨道共振”

经观测和理论研究，国际小行星中心现今已有完备的计算程序和资料库，用收集的小行星的观测位置数据，很快就可以计算和改进小行星的轨道根数，推算和预报各小行星的行径，在《小行星通告》（MPCs）发布它们的历表。例如，2014年1月1日凌晨1时20分（当地时间）天文学家于美国亚利桑那发现一颗快速移动的小行星2014 AA（如图2.4），轨道计算表明它正飞向地球，估计它约2～4米大，预报其将在次日闯入地球大气层，虽然没有及时拍摄到陨落过程，但从它的次声波分析估算它陨落在委内瑞拉首都东300公里海域。

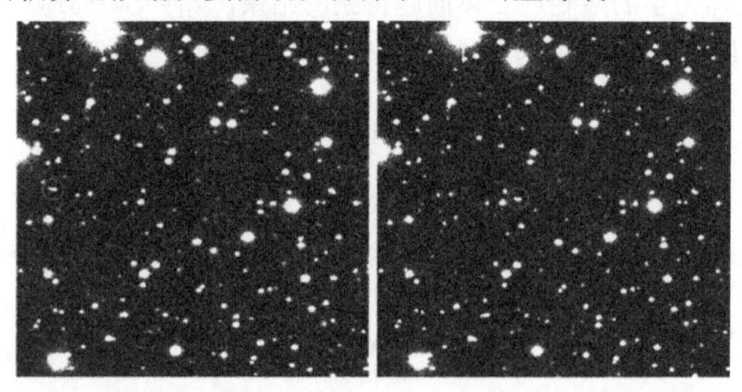

图2.4 小行星2014 AA（细圆内）在恒星间快速移动的两幅照片

不仅行星的引力摄动，还有别的力会使小行星的轨道改变。曾有学者提出，小行星之间的碰撞使得碎块的轨道变得多样，有些碎块的轨道与木星共振而逃离出小行星带；但按此理论计算，发现其效果很不明显，不足以说明近地小行星和陨石的“流量”。

早在1903年，坡印廷（J. H. Poynting）就提出，太阳的辐射压力对小物体的运动有很大影响。直到1937年，罗伯逊（H. P. Robertson）才用广义相对论导出了有关的理论公式。因此，把这种辐射作用称为“**坡印亭-罗伯逊效应**（Poynting-Robertson effect）”。实际上，由于小物体的运动速度远小于光速，用狭义相对论也可以足够近似地建立坡印廷-罗伯逊效应的基本理论公式。

在相对太阳静止的坐标系，当小球以速度 $\boldsymbol{V}$ 相对于太阳运动时，把 $\boldsymbol{V}$ 分解为径向分量 $\boldsymbol{V}_{\mathrm{r}}$ 和切向分量 $\boldsymbol{V}_{\theta}$（如图2.5）。太阳辐射压的径向分量 $\boldsymbol{f}_{\mathrm{r}}$ 是斥力，与太阳引力方向相反，相当于有效引力减小。辐射压的切向分量 $\boldsymbol{f}_{\theta}$ 与小物体运动方向相反，使其运动减速。研究表明，仅微尘球才被辐射压推斥而远离太阳；而辐射压斥力的径向分量对较大物体的作用不重要，然而，虽然辐射压的切向分量 $\boldsymbol{f}_{\theta}$ 也不大，却较为重要，在其长期作用下，小球的轨道角动量减小，基本沿螺旋轨道落向太阳。

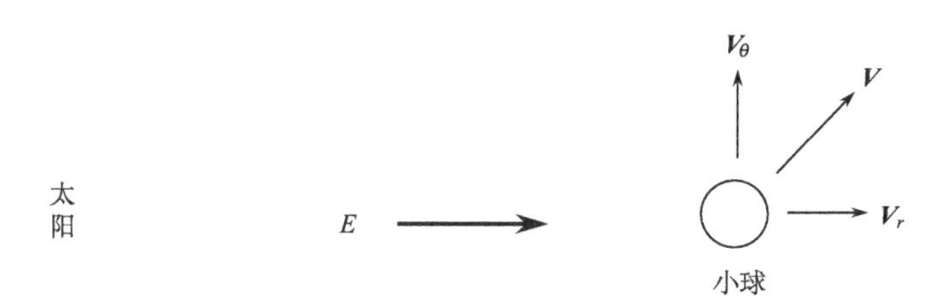

图2.5 小球相对于太阳的运动

19世纪后期，俄国的雅可夫斯基（I. O. Yarkovsky）提出，太阳光作用可以很有效地改变小行星轨道。其原理很简单：太阳光携带动量，一颗小行星吸收或反射太阳光时就有小部分动量从太阳光转移给小行星，即小行星受到太阳光的辐射压力推斥，就少许抵消太阳对小行星的引力。小行星吸收太阳光就被加热，最终又必然以红外（光子）辐射而耗散到空间，使小行星受到这些光子的反冲力。由于小行星的热惰性，红外辐射迟滞于吸收太阳光。若小行星自转轴垂直于其轨道面、且自转与轨道运动同向（如图2.6（a））或反向，反冲力（箭头所示）偏离太阳-小行星连线方向，在轨道运动方向的反冲力分量就会使小行星的轨道运动长期加速或减速，因而改变轨道。若小行星自转轴位于其轨道面（如图2.6（b）），也有反冲力（箭头所示）作用。O′Keefe、Radzivskii、Paddack进一步发展了雅可夫斯基的研究，论证了小行星因吸收太阳光和发出红外辐射而改变轨道以及自转的多种方式，并得到观测资料的验证，于是这种效应被称为“**Yarkovsky** 效应”或简称“**YORP** 效应”。

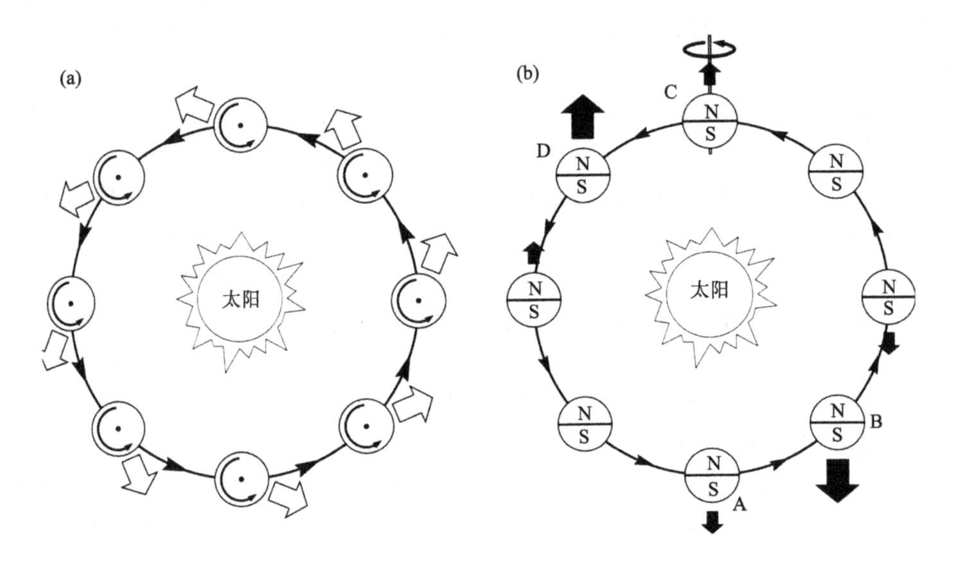

图 2.6 Yarkovsky 效应的两种简单情况

3. 小行星的亮度观测

早在公元前二世纪编制星表时，人们就把肉眼看见的恒星分为 6 个视亮度等级，最亮的为 1 等，次亮的为 2 等，……刚刚能看到的一些为 6 等。把一根蜡烛放在 1000 米远处，它的视亮度跟 1 等星差不多。视力好的人可以肉眼看到夜空(半个天球）3000 多颗星。用望远镜可以看到更多更暗的星。现代城镇灯光造成夜天光很亮——“光污染”或“光害”，肉眼仅可看到为数不多的亮星。

生理学研究得出：人眼看到的视亮度（星等 m）跟照度 E 的对数成正比，即 $m = K\lg E$ 或 $m_2 - m_1 = K\lg(E_2/E_1)$。1850 年，普森（M. R. Pogson）把星等跟光度计测出的照度作比较，发现星等相差 5 等的照度之比约 100 倍，因此，常数 $K = -5/\lg 100 = -2.5$；星等相差 1 等，照度之比为 2.512。于是，两颗星的星等之差($m_1 - m_2$）跟照度 E_2、E_1 关系的公式为：$m_2 - m_1 = -2.5\lg(E_2/E_1)$。星等常以星等值数字右上角加 m 来标记，如织女星为 0.03^m。

星等标跟物理光学的照度单位(勒克斯，以下简记为勒)之间有什么关系呢？根据实验测定，在地面上产生 1 勒照度的星的大气外星等是 -13.98^m。夏季白天，太阳的照度为 13.5 万勒。满月的照度为 0.25 勒；日常工作所需照度为 30 勒。星等一般对应于星的观测（“视”）亮暗程度，故常称**视星等**。建立了星等标，就可准确测定星等值并向亮的和暗的方面扩展，例如，太阳的视星等为-26.75^m，夜空最亮恒星——天狼星的视星等为-1.44^m，金星最亮时的视星等为-4.4^m，满月的视星等为-12.74^m，最大地面望远镜可观测的最暗星的视星等约25^m，哈勃太空望远镜可以拍摄到最暗星的视星等为30^m。

应当指出，天体的观测亮度跟有效波段有关，不同波段观测的星等值有差别，因而有不同的星等系统。肉眼对黄绿光敏感，观测得到的是**目视星等**；黑白底片对蓝光敏感，拍照得到的是照相星等，加滤光片拍摄可得到仿视星等；数码相机用CCD（电荷耦合器件）取代底片拍摄出彩色照，实际是三色（R、G、B——红、绿、蓝）像的合成。就是用望远镜观测，小行星仍呈似恒星的点状，可以跟星空附近已知星等的恒星比较来估算小行星的星等。例如，目视或照相观测时，若附近两颗恒星的星等是11.6^m和12.1^m，小行星的视亮度介于两恒星之间还略暗些，则可估计该小行星的星等为11.9^m。现今用电脑程序处理CCD所摄包含小行星的星场图像已便捷得多，除了做CCD的平场、暗场和天光背景的改正外，圈定小行星和恒星像，就可通过它们的数码读数（正比于照度）和恒星的星等，用上述公式算出小行星的视星等。

小行星自身不发射可见光，靠反射太阳光才被我们看到，在小行星各自绕太阳公转过程中，其离地球的距离在变化，视星等也在变化。因此小行星的视星等跟它离太阳的距离r、离地球距离Δ以及位相角θ（从小行星中心向太阳和地球两方向的夹角）有关。为便于比较各小行星的真实亮度，常把观测的视星等归算到$r=\Delta=1AU$、$\theta=0°$时的星等，称为**"绝对星等"**，记为H（1，0）或简记为H。视星等与绝对星等的关系为

$$m(r,\Delta,\theta)=H(1,0)+5\lg r+5\lg\Delta+F(\theta)$$

式中，$F(\theta)$为相角函数。

在小行星中，只有（4）灶神星运行到最近时可以肉眼看到（视星等5.1^m），而远时暗到8.48^m，它的绝对星等为3.20^m。显然，若小行星的轨道偏心率大且反照率高，则在接近地球时，也可从地球上看到，例如，（99942）Apophis是在2004年接近地球时发现的很小（平均半径 0.45 公里）的小行星，其轨道半长径为0.92228AU，轨道偏心率0.191，绝对星等为19.7^m，它在2029年4月13日距地球0.16公里时可以达到视星等3.4^m。大多小行星的直径很难直接测定，常用观测其亮度得到的绝对星等和假定的反照率来估算直径，或者用绝对星等代表直径。

从小行星的光谱可以了解其表面物质成分，虽然观测很困难，但现代特大望远镜和哈勃空间望远镜也可拍摄到一些小行星的光谱；或者作为粗略近似，可用多种滤色片测定小行星的多波段亮度（星等），来了解其表面成分。

4. 小行星的自转和形状

除了上面所述的小行星视星等因公转轨道运动（r 与 Δ 变化）而产生的规则变化外，若小行星形状不规则、或表面不同区域的反照率有差别，则它的亮度就会发生跟自转有关的较短周期变化，从小行星视星等-光变曲线可推算出它的自转周期和形状。目前已测定出几百颗小行星的自转周期，范围为 2.3～48 小时，多数为 4～20 小时，平均值约 10 小时。自转周期大于几天的，实际上可能是由于未见的小行星卫星造成小行星自转轴“进动”所致。自转有快的，如（1566）Icarus 的自转周期为 2 小时 16 分；也有自转很慢的，如（182）Elsa 自转周期为 85 小时。较大的小行星一般自转周期较短，可能保持其形成时的自转；而从母体受撞击而碎裂出来的较小的小行星，则可以有不同的自转。

有四种观测方法可以得出小行星形状：一是小行星掩（恒）星联合观测。例如，从智神星掩星资料得出它是三轴 559 公里×525 公里×532 公里的椭球；从爱神星掩星资料得出它是大小 7 公里×19 公里×30 公里砖块形，实际上 1931 年它接近地球时已观测到它形状不规则。二是小行星的亮度变化观测，由于小行星形状不规则（及其表面反照率不均匀）及其自转影响，小行星（反射太阳光）会发生亮度变化，图 2.7 给出了三颗小行星的示例。三是雷达探测（如图 2.8）。四是飞船的近距探测（见后面的著名小行星）。大的小行星大致是球形的，但大多数小行星形状是不规则的，这说明它们可能是小行星母体遭碰撞瓦解的碎块。

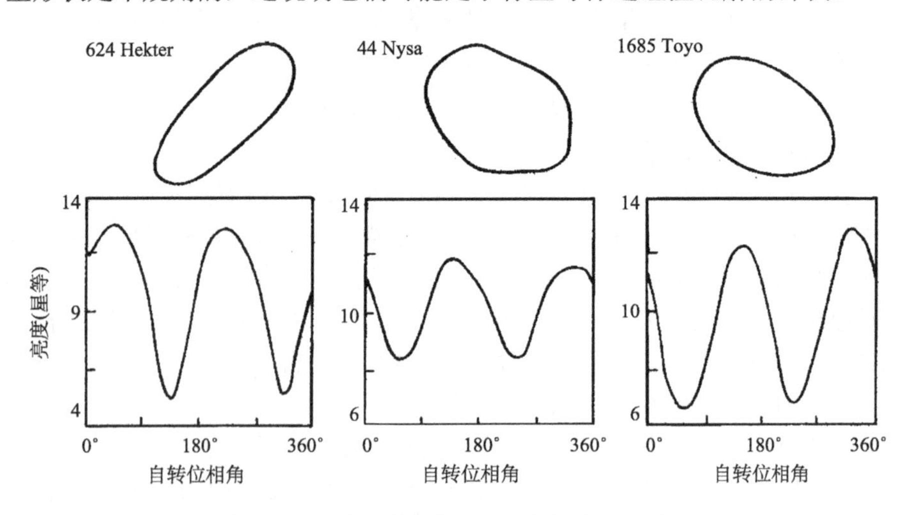

图 2.7 三颗小行星的形状、自转和亮度变化

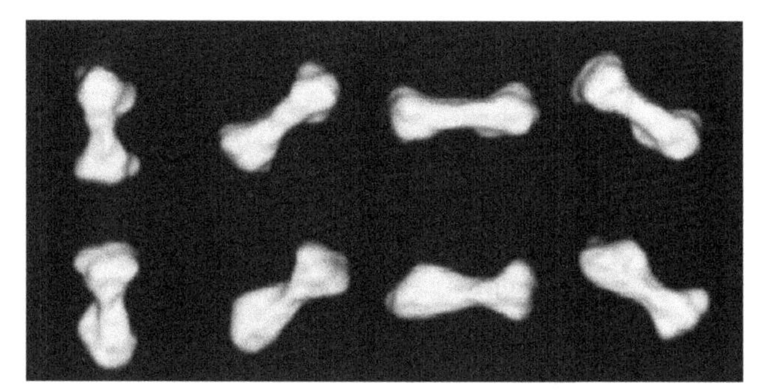

图 2.8 （216）Kleopatra 的一系列雷达像

迄今已测定出自转周期的小行星还不多，它们的自转周期大多小于 24 小时，有 17 颗小行星的自转周期大于 30 天，大于 150 米的小行星自转周期通常短于 2 小时。表 2.1 和表 2.2 给出了部分小行星自传周期数据。

表 2.1　从小行星光变曲线得到的自转周期（自转最慢的）

编号 命名	自转周期（小时）	编号 命名	自转周期（小时）	编号 命名	自转周期（小时）
（162058）1997 AE_{12}	1880	1663 van den Bos	740	11351 Leucus	515
846 Lipperta	1641	4902 Thessandrus	738	6498 Ko	500
912 Maritima	1332	3322 Lidiya	710	1220 Crocus	491.4
1235 Schorria	1265	（16896）1998 DS_9	708	253 Mathilde	417.7
288 Glauke	1200	1479 Inkeri	660	5851 Inagawa	367.5
4524 Barklajdetolli	1069	（7352）1994 CO	648	79360 Sila–Nunam	300.24
1069 Planckia	1060	（37635）1993 UJ_1	600	2010 WG_9	263.8
（38063）1999 FH	990	9165 Raup	560	（369984）1998 QR_{52}	234
9556 Gaywray	920	27810 Daveturner	546	3691 Bede	226.8
9000 Hal	908	1042 Amazone	540	9969 Braille	226.4
（391033）2005 TR_{15}	850	（188077）2001 XW_{47}	525	（38071）1999 GU_3	216
（22166）2000 WX_{154}	800	（96590）1998 XB	520	（65407）2002 RP_{120}	200
2862 Vavilov	800				

直径大于 50 公里的小行星中，自转最快的是（201）Penelope，其自转周期 3.74 小时。如前文所述，较大的小行星一般自转周期较短，可能保持其形成时的自转；而从母体受撞击而碎裂出来的较小的小行星，则可以有不同的自转。例如，阿波罗型小行星（1620）Geographos（地理星）的光变幅度达 2 个多星等（图 2.9），从它的光变曲线推断，由垂直于其自转轴方向看，它是雪茄形的、或者是几乎接触的双小行星相互绕转。

表 2.2 自转最快的小行星

编号 命名	自转周期（秒）	直径（米）	编号 命名	自转周期（秒）	直径（米）	编号 命名	自转周期（秒）	直径（米）
2014 RC	15.8	22	2009 TM_8	43.2	9	2003 DW_{10}	～100	20
2010 JL_{88}	24.6	15	2010 SK_{13}	51.8	14	2003 EM_1	111.6	33
2010 WA	30.9	3	2009 BF_2	57.3	28			
2008 HJ	42.7	24	2000 DO_8	78	30			

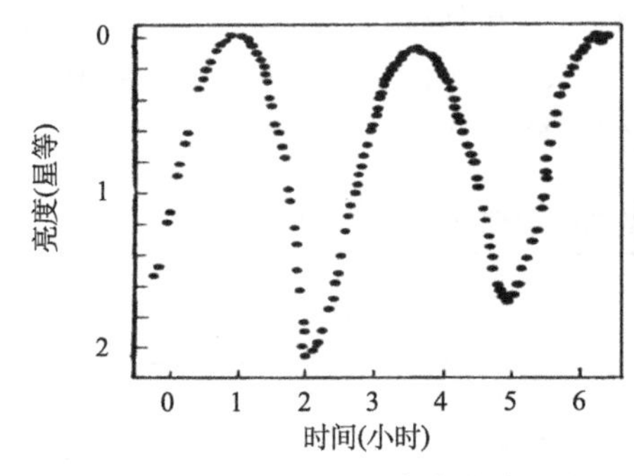

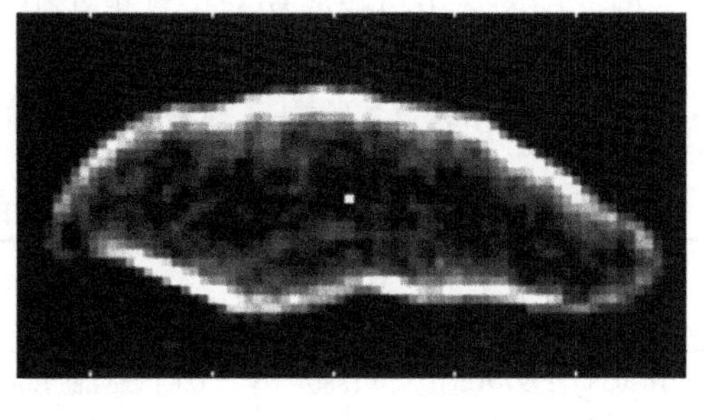

图 2.9 Geographos 的光变度曲线（左）及其雷达像轮廓（右，从其北极-亮点上空看）

有些小行星还测出了自转轴方向，结果表明，小行星自转轴方向是随机分布的。

5. 小行星掩星的观测

类似于月球运行到太阳与地球中间发生日食天象，当小行星运行到某颗恒星与地球中间也会发生小行星遮挡该恒星的天象，称为“小行星掩星”。由于小行星数目多，每年都发生数百次小行星掩星事件，但掩星事件仅限于地球上很窄的（宽几十到百公里，取决于小行星的大小和距离）掩食带才可以看到。就是掩食带各地看见的掩食情况也因其地理位置和小行星形状的差异而不同。综合分析各地观测资料，可以推算出小行星的大小和形状。虽然较大的天文台有优良的望远镜等观测设备，但不易搬动，而备有一定望远镜等设备的爱好者则可以各自发挥机动性到天时地利的地方得到宝贵的观测资料。

现今，小行星掩星的非正式联合观测研究日益扩展，我国（包括香港、台湾地区）有些人也作出可贵的奉献。限于篇幅，这里难以详细介绍，有兴趣的读者请查阅《如何进行掩星观测》、詹想的《小行星掩星——玩并科研着》和张学军的《练测 10199 号小行星掩星》等文章。

每次小行星掩星的掩食带和掩食情况都有预报，可从 http://www.occultwatcher.net 网址免费下载 Occult Watcher 软件，小行星和被掩恒星的资料及星图尽显。根据预报的掩食带，可以结合地图和天气预报来选择观测布点。作为小行星掩星预报的示例，图 2.10 给出了小行星（6052）Junichi 于 2012 年 7 月 16 日掩恒星 TYC 0562-00316-1 的情况，包括：上左，该恒星的目视星等（M_v）、照相星等（M_P）、总辐射星等（M_r），赤经（RA）、赤纬（Dec）及其预报时的值；上右，该小行星的星等（Mag）、直径（Dia）、视差（Parallax）、赤经和赤纬每小时变化（Hourly DRA,dDec）；上中，最大掩食时段（Max Duration）、星等降幅（Mag Drop）、太阳（角）直径（Sun Disk）、月球（角）直径（Moon Disk）；下部是掩食带地图及预报误差区域，右下角是附近星场（小圆标记被掩星）。

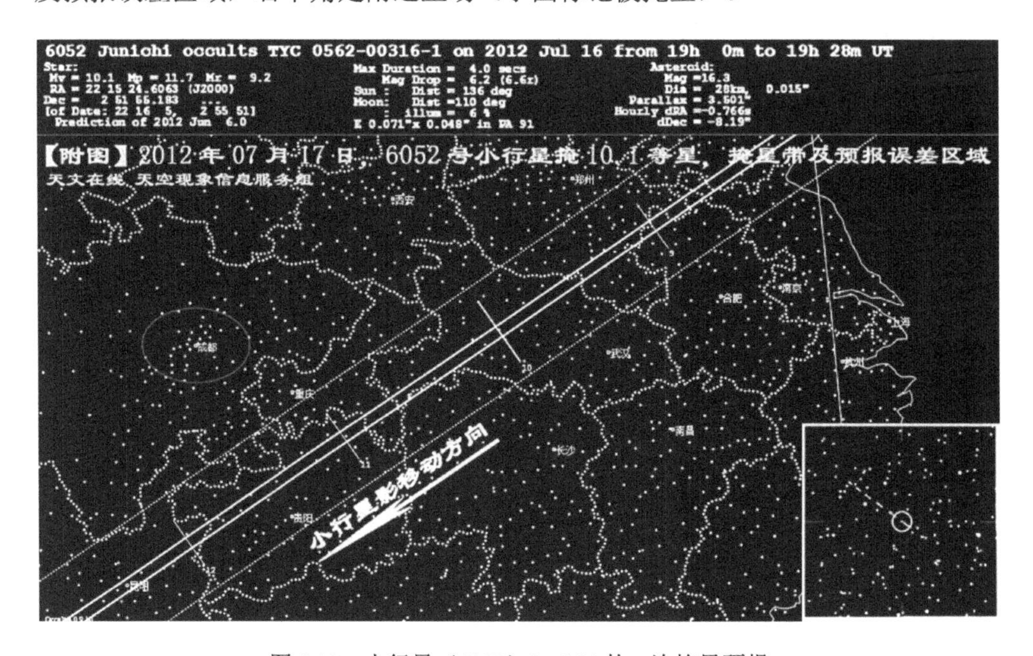

图 2.10　小行星（6052）Junichi 的一次掩星预报

虽然大口径、长焦距镜头的中高档数码相机就可以连续拍摄小行星掩星过程，但如果把数码相机的机盒接到大口径望远镜终端，以望远镜为镜头则可以观测到更暗的星，而且可以利用望远镜的赤道机械和电动跟踪系统，寻找和跟踪恒星很方便。观测时，准确记时很重要，可以结合使用 GPS。需要制定好切实可行的观测方案并进行演练，以取得良好观测结果，写出报告并交流。由于小行星的轨道变化，预报的掩食带和掩食时间都有一定误差，小行星可能存在卫星，甚至预报的掩食带外的观测点也可能得到意外的惊喜成果。可以根据观测数据改进小行星轨道。

三、小行星的飞船探测

由于小行星离我们远且体积较小，地面和近地空间的观测能力有限，为了揭示小行星的真实面貌，需要派飞船去探测。自 20 世纪 90 年代初至今，飞船总共探访过 11 颗小行星和矮行星，其中包括谷神星和冥王星。有飞船远距离（10 万公里以上）拍摄到 3 颗小行星、但难辨特征，而环绕地球的哈勃空间望远镜拍摄到几颗大的小行星（包括智神星和婚神星）图像。

1. 小行星的先期飞船顺访

小行星的早期飞船探测活动以近距离飞越为主。伽利略（Galileo）飞船在飞往木星的旅途中，顺路近距飞越 2 颗小行星，进行了摄像和多波段光谱探测，研究它们的大小、形状、陨击坑特征以及表面成分和矿物组成。1991 年，伽利略飞船从近距 1600 公里飞越小行星（951）Gaspra。1993 年又从近距 2400 公里飞越小行星（243）Ida，还首次发现它有自己的卫星（Dactyl）。图 3.1 是伽利略飞船的顺访路径。

2000 年 1 月 23 日，探测土星及其卫星系统的卡西尼飞船也拍摄到 160 万公里远的主带小行星（2685）Masursky。

“深空 1 号（Deep Space 1）”是新世纪第一次测试先进空间飞行器技术的低成本飞船，载有 SEP（太阳电推动）、IPS（离子推进系统）、太阳会聚器阵、自动导航、小型照相机/成像谱仪、高级微电子和远程通信设备、两个轻的科学仪器包等，重 486.3 千克。该飞船于 1998 年 10 月 24 日升空，1999 年 7 月 29 日从近距 15 公里飞越小行星（9969）Braille，探测了它的大小、形状、自转、质量、表面特征，然后飞往彗星 19P/Borrelly（如图 3.2）。

“星尘（Stardust）”是采集彗星样品带回地球的飞船，于 1999 年 2 月 7 日发射，在飞往 81P/Wild 2 彗星的途中，2002 年 11 月 2 日从离小行星（5535）Annefrank 约 3079 公里近距飞越中探测了该小行星。

Rosetta（取名于著名的古埃及古字碑）飞船于 2004 年 3 月 2 日发射，主要目标是探测彗星 67P/Churymov-Gerasimmenko。飞行途中，飞船借助地球和火星的引力（2005 年 3 月、2007 年 11 月、2009 年 11 月 3 次飞近地球，2007 年 2 月 25 日飞近火星），于 2008 年 9 月和 2010 年 7 月分别飞越小行星（2867）Steins 和（21）Lutetia 顺访。2014 年与目标彗星会合，进行彗星探测直至 2016 年。

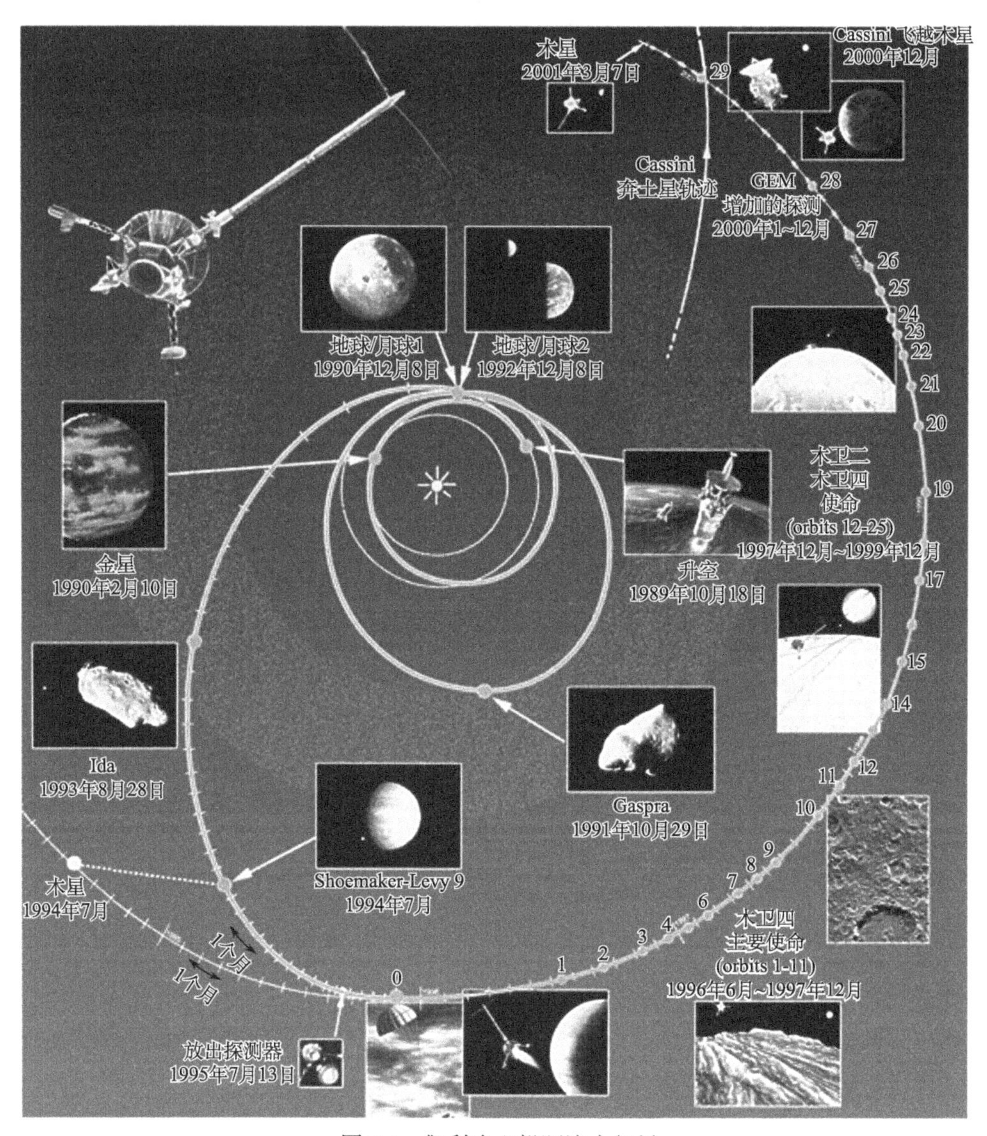

图 3.1 伽利略飞船顺访小行星

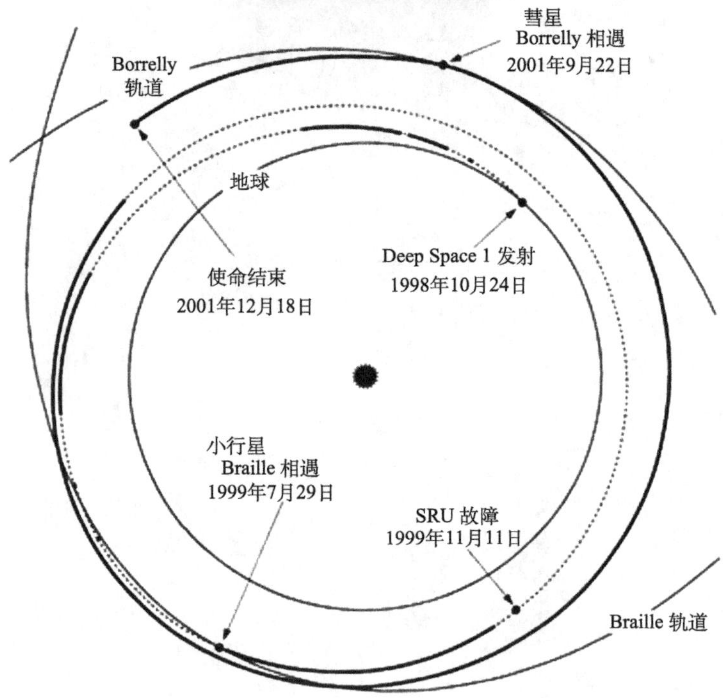

图 3.2 “深空 1 号（Seep Space 1）”飞船（上）及其航程（下）

2. 小行星的专门飞船探测

1996 年 2 月 17 日发射的“近地小行星交会（NEAR）”是第一艘小行星探测专用飞船，揭开了小行星探测的新纪元。它携带六种仪器：多谱成像仪（绘制表面多色形态图）、红外摄谱仪（测绘矿物分布）、X 射线/γ 射线谱仪（测定关键元素的丰度）、激光测高仪（测地形）、磁力计（测磁场）、远程通信系统（测定小行星的质量和内部结构）。它于 1997 年 6 月 27 日离（253）Mathilde 约 1212 公里飞越。1998 年 1 月 23 日借助地球的引力转轨，12 月 23 日离（433）爱神星 3827 公里飞越；2000 年 2 月 14 飞船开始绕爱神星飞行，4 月 10 日从椭圆轨道变到 100 公里低高度的圆轨道，12 月降低到 35 公里高度。2001 年 2 月 12 日它耗尽燃料，安全登陆爱神星表面（如图 3.3）。

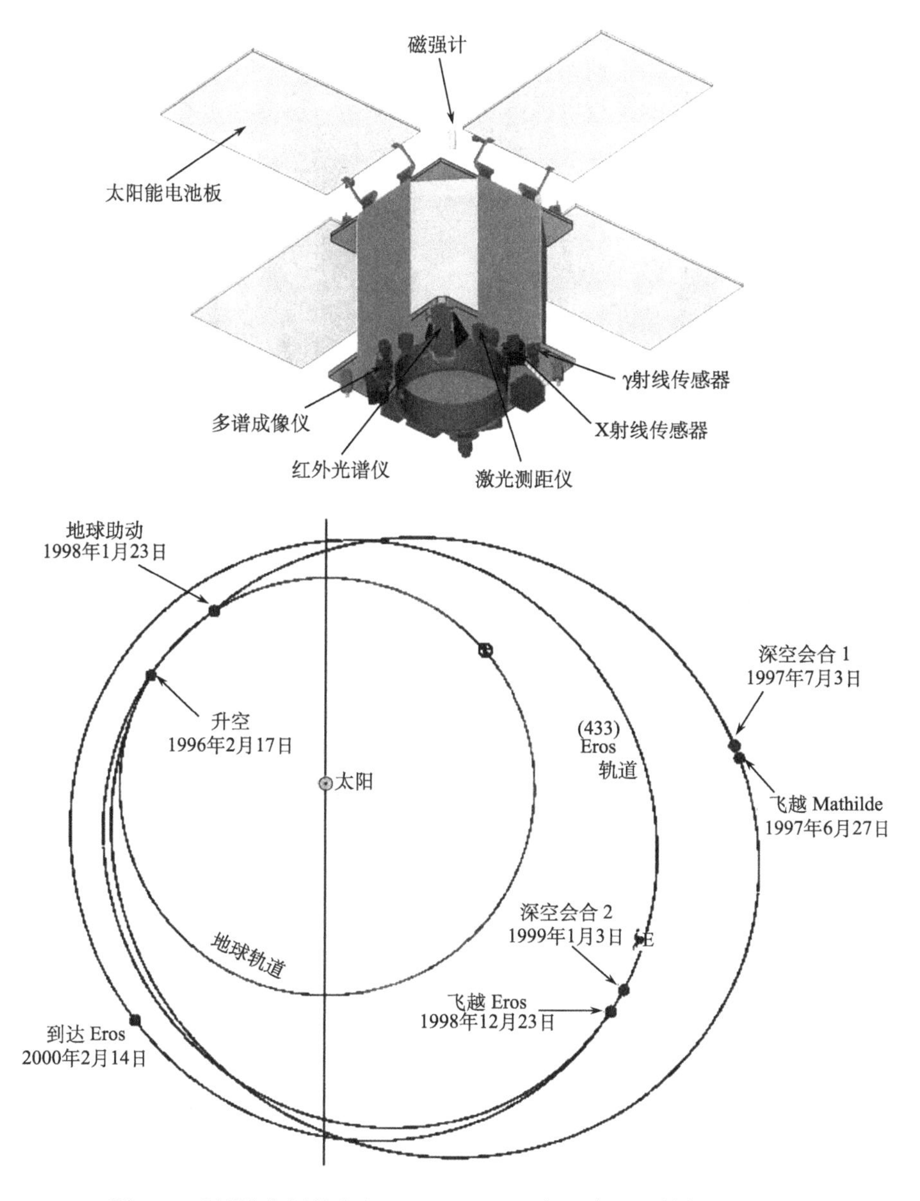

图 3.3 “近地小行星交会（NEAR）”飞船（上）及其航程（下）

日本宇宙航行研究所的 “MUSES-C”（MU 是发射火箭的类型，SES 是 Space Engineering Spacecraft 的缩写，C 是该系列第三项）小行星采样探测器，载有光学导航摄像机、激光测距仪、激光测距搜索器、扇束传感器、近红外摄谱仪、X 射线荧光谱仪及小机器人 MINERA 等。该探测器于 2003 年 5 月 9 日发射时改称为“隼鸟（Hayabuse）”（如图 3.4），它在 2005 年 8 月 12 日离小行星（25143）“系川（Itokawa）”约 3.5 亿公里时开始拍摄到该小行星图像。原计划于 2005 年 11 月 20 日登陆小行星表面采样，2007 年 6 月返回地球，但因控制系统故障，登陆小行星未成功。经调整，再次试登陆也未成功，但实施了采样，于 2010 年 6 月 13 日送回地球。

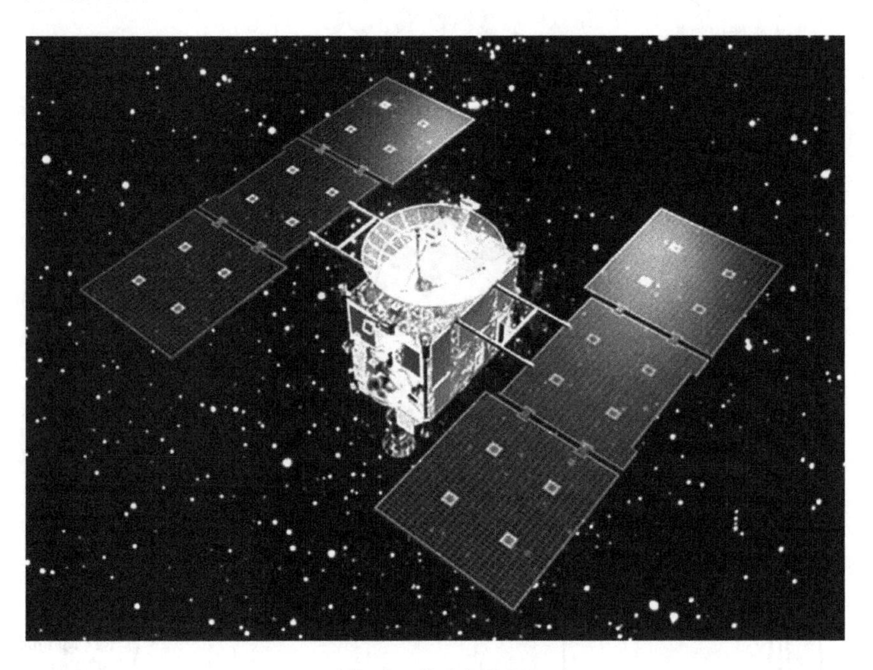

图 3.4 隼鸟探测器

2014 年 12 月 3 日，日本发射隼鸟 2（Hayabuse 2）探测器（如图 3.5），载有摄像机、激光测距仪、近红外摄谱仪、登陆车及小机器人、撞击器等。它将于 2018 年中抵达小行星 1999 JU_3，对它进行 18 个月的测绘探测，并将投下一个撞击器在其表面上空爆炸，以发射子弹射进其外壳，采集下面未接触太阳风和辐射的样品，并于 2020 年送回地球。1999 JU_3 是颗碳质小行星，探测它可以了解类地行星的形成和早期演化以及生命起源。

图 3.5 隼鸟 2 探测器与小行星 1999 JU3 轨道及撞击采样（示意）

3. 黎明号飞船探访灶神星和谷神星

黎明（Dawn）号飞船于 2007 年 9 月 27 日发射，其航程示于图 3.6。它于 2009 年 2 月 17 日经火星附近完成引力助推；于 2011 年 7 月 16 日进入环绕灶神星的初始轨道，12 月 5 日到绕灶神星的最低轨道；进行 13 个月环绕灶神星探测后，于 2012 年 9 月 5 日离开绕灶神星的轨道，飞向谷神星；于 2015 年 3 月 6 日飞临到离谷神星 61000 公里，被谷神星引力俘获，开始探测，同年 4 月 23 日～5 月 9 日在高度 13500 公里环绕谷神星第一轨道探测，6 月 6 日～6 月 30 日降到第二轨道（高度 4400 公里）探测，8 月 4 日～10 月 15 日降到高度 1470 公里第三轨道探测，12 月 15 日再到高度 375 公里的第四轨道探测至少三个月，然后飞离。

黎明号飞船安装 3 个离子推进器和 2 个太阳能板，双翼间距近 20 米，足以提供穿越太空的能量。黎明号载有两架同样的摄像机、可见光和红外光谱仪、伽马射线和中子探测仪。用同一套仪器先后探测灶神星和谷神星的形状和元素成分，更有利于它们的比较研究。

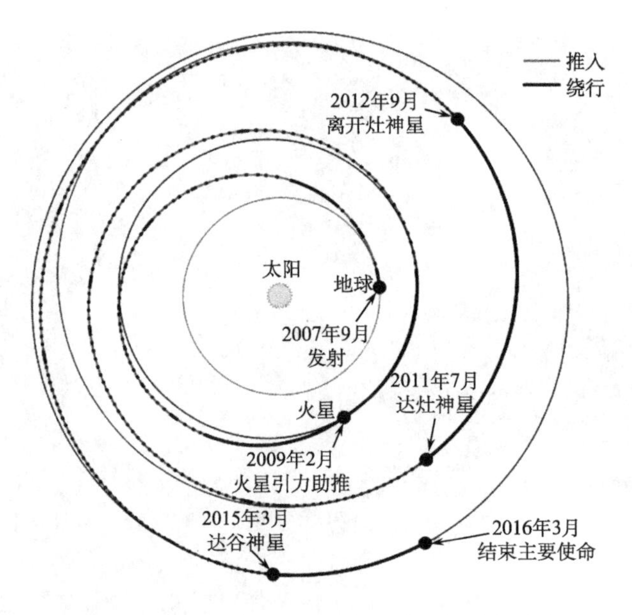

图 3.6　黎明号飞船探访灶神星和谷神星的航程

4. 新视野飞船探测冥王星及柯伊伯带

美国在 2001 年提出探测冥王星和其卫星以及可接近的柯伊伯带天体（KBO）的计划。新视野（New Horizon）飞船大致有一架钢琴的大小，重 478 千克（包括 77 千克推进剂和 30 千克仪器包），使用放射同位素的热电发电机提供动力（228 瓦），并利用 16 个推进器来调整飞行路径和进行姿态控制，载有指令与数据处理、导航与控制的两个计算机系统以及通信系统。它于 2006 年 1 月 19 日发射升空，飞行路径示于图 3.7，6 月 13 日距小行星（132524）APL 101867 公里飞越；2007 年 2 月 28 日距木星 230 万公里飞越，借木星引力飞往冥王星，并通过探测木星及其卫星来检验所携带的仪器。2015 年 1 月 15 日开始接近冥王星的探测，虽然 7 月初发生软件异常，但 7 月 7 日就恢复而按计划实施探测，7 月 14 日离冥王星中心最近到 13658 公里，无线电信号需经 4 小时 25 分钟才能传回到地球。飞行中，仪器置于“休眠”状态以节约能量，每星期向地球发送一次信号汇报其“健康”状况；每年将唤醒一次关键系统，进行必要检测。2014 年 12 月 7 日，仪器被唤醒，开始校验和进行探测。临近冥王星 5 个月时期，探测仪器将全力获取冥王星及其卫星的资料。随后，将于 2019 年 1 月 1 日飞越柯伊伯带天体 2014 MU_{69}，并一去不复返。

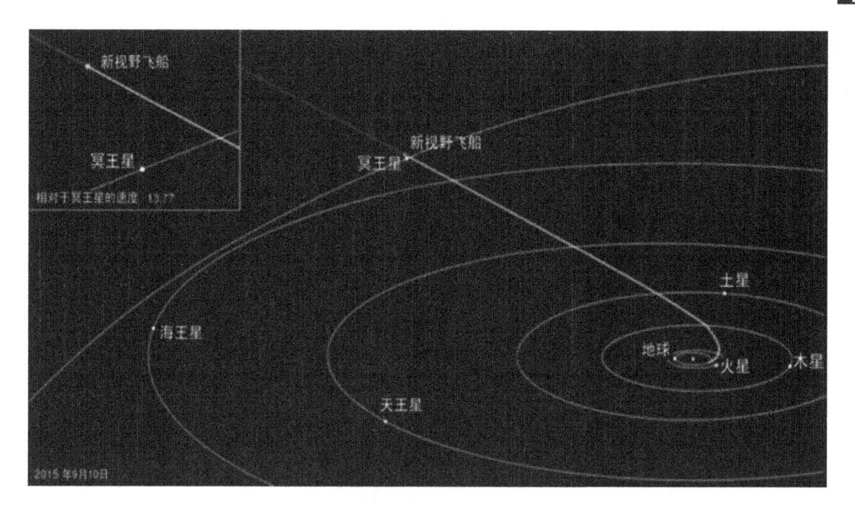

图 3.7　新视野飞船的航行路径

飞船载有 7 组仪器：3 组光学的，2 组等离子的，1 组测尘埃的，1 组射电实验的（如图 3.8）。

图 3.8　新视野号飞船所载 7 组仪器

Ralph——可见光-红外成像光谱仪：绘制高分辨表面图像（彩色/黑白），获得表面成分和温度图；Alice——紫外成像光谱仪：分析冥王星大气成分和结构，搜寻冥卫一大气；REX——射电科学设备：测量大气结构、表面的热性质和物质；LORRI——远程勘测成像仪：获相遇资料、地质资料，测绘冥王星背面图像；SWAP——太阳风分析仪：探测冥王星与太阳风的相互作用，确定大气逃逸率；PEPSSI——高能粒子光谱仪：测量冥王星大气和周围的带电粒子成分和密度；SDC——尘埃计数器：测量飞船旅途期间碰到的空间尘埃数量和大小

5. 嫦娥卫星拜访小行星

我国的嫦娥二号探月卫星携带了 CCD 立体相机、伽玛谱仪、太阳风离子探

测器、高能粒子探测器等 7 种科学载荷（如图 3.9）。它于 2010 年 10 月 1 日发射升空，并顺利进入地月转移轨道，10 月 6 日进入绕月球轨道，完成 6 个月的大量月球探测任务。2011 年 4 月 1 日展开拓展实验，6 月 8 日～6 月 9 日飞离月球往日-地的拉格朗日点 L_2，8 月到达该区域，开展 10 个月的空间科学探测后，飞往深空。2012 年 12 月 15 日，它离地球约 700 万公里远飞越小行星（4179）Toutatis（战神-图塔蒂斯）。到 2014 年中，它飞离地球已过 1 亿公里，成为绕太阳公转的人造小行星。

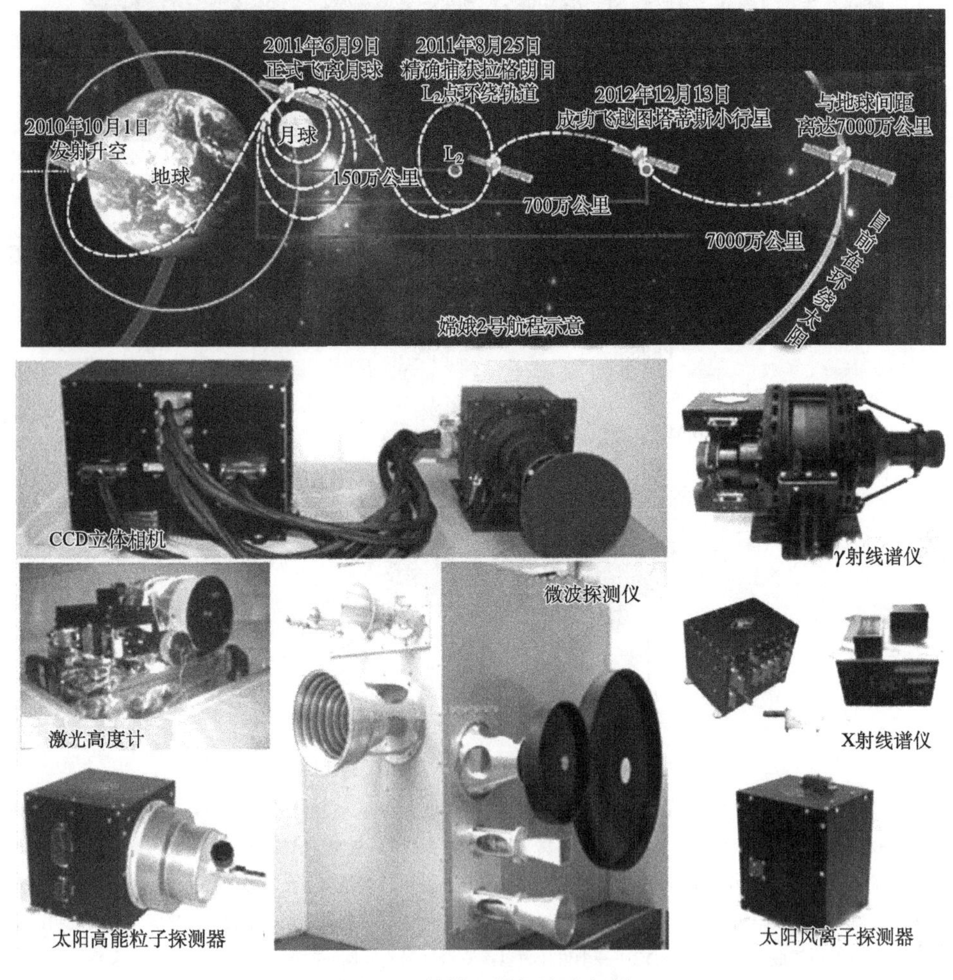

图 3.9 嫦娥卫星探访小行星

6. 探测器 OSIRIS-REx 探测近地小行星贝努

2016年9月8日，美国宇航局发射小行星采样探测器OSIRIS-REx*（如图3.10）载有摄像机组、激光测高仪、可见光与近红外光谱仪、热辐射谱仪、表土X射线成像谱仪、采样返回系统。它将于2018年8月抵达小行星（101955）Bennu（贝努）并环绕其飞行，对其表面进行505天测绘，选择采样点。2020年7月缓慢抵近，喷出氮喷流吹走表面细尘，采集超过60克的未污染表土样品。2023年9月，将珍贵样品返回舱投落地球。

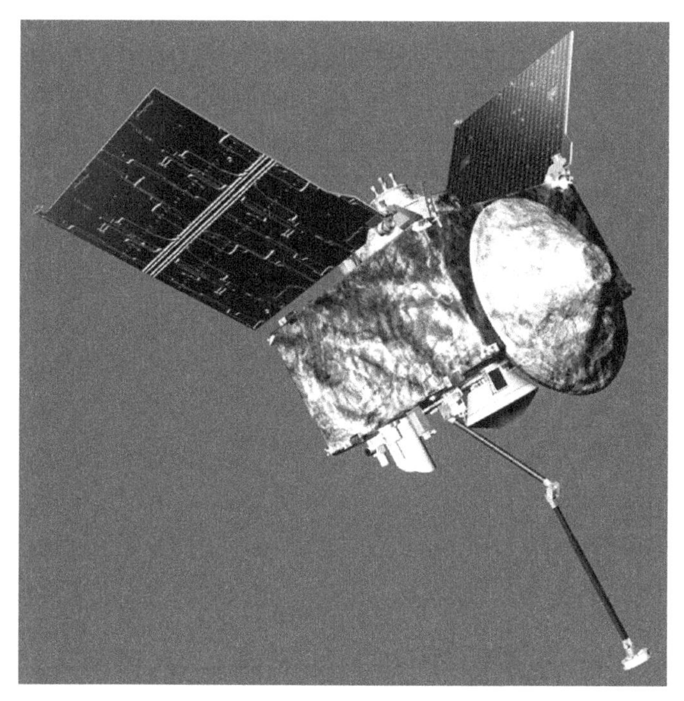

图3.10 小行星采样探测器OSIRIS-REx

贝努是颗直径约500米的碳质近地小行星，绕太阳的轨道周期1.2年，每6年接近地球一次，在2016～2199年期间撞击地球的概率为0.071%，预料从所采样品可以研究其表土的性质、历史、组成矿物和有机物的分布，更多地了解太阳系的形成和演化、行星形成初期情况和形成生命的有机成分起源。

---

* OSIRIS为Origins（起源）、Spectral Interpretation（光谱分析）、Resource Identification（资源识别）以及Security（安全）和Regolith Explorer（风化层探测器）的缩写，谐音于古埃及神话的阴府神Osiris，Rex是拉丁语“王”的意思

四、主带小行星的轨道

早期发现的小行星主要是较近且较亮的，大多数运行在火星与木星轨道之间的区域——“小行星主带”，并把这些小行星都称为“主带小行星”，以区别于太阳系其他区域的小行星（如近地小行星，特洛伊小行星）。

1. 轨道分布与小行星群

图 4.1 为主带小行星的轨道半长径-数目分布，介于 2.06～3.27AU 范围的小行星最多，它们的轨道偏心率小于 0.3，轨道倾角小于 30°。估计它们的总质量为 2.8×10^{21} ～ 3.2×10^{21} 千克，约为月球质量的 4%，远小于行星的质量。其中最大的 4 颗小行星[谷神星、灶神星、智神星、健神星（10 Hygiea）]约占其总质量的 1/2，且仅谷神星就约占其 1/3。

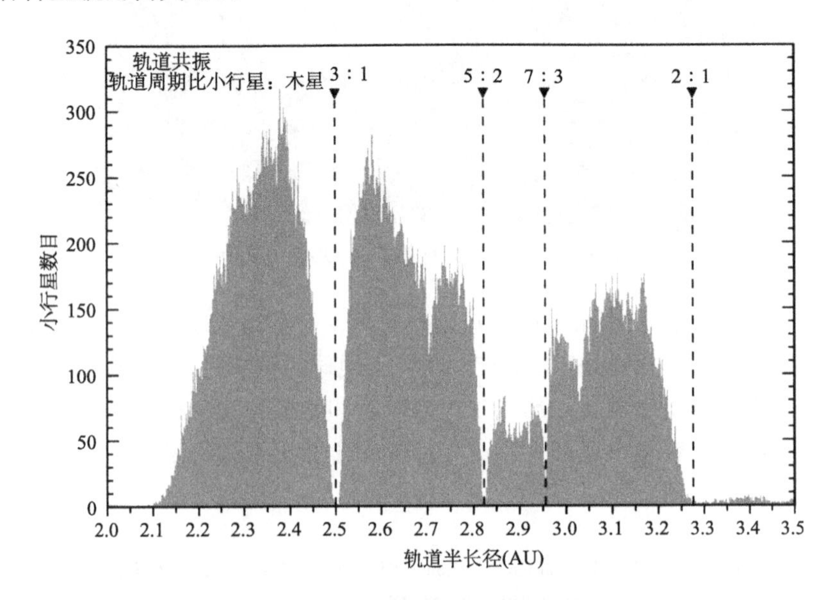

图 4.1　柯克伍德空隙（“轨道共振”）

1866年，柯克伍德（D. Kirkwood）首先注意到，某些轨道半长径下的小行星数目很少，此特征称为“柯克伍德空隙”，这些特征点相应小行星的公转周期恰好与木星的公转周期成简单整数比（2∶1，3∶1，5∶2，7∶3），这种现象称为“轨道共振”或“通约”，这是由于木星的周期性引力摄动使那里原有的小行星改变轨道，从而逃离开了。然而，有几个与木星轨道共振处（3∶2，1∶1，4∶3）却是小行星数目很多，可解释为木星的周期性引力摄动使那里的小行星变得轨道更稳定，从而长久地保持在那里或轨道迁移到那里。为什么会出现两种相反情况？这是稳定性程度的具体情况不同所致。

根据近年更多的小行星资料可以统计它们轨道半长径、轨道面（对黄道面）倾角、轨道偏心率的数目分布（如图4.2）。多数主带小行星的轨道面倾角 i 小于30°，其中很多小于4°；轨道偏心率小于0.4。换言之，虽然典型小行星的轨道是近圆的、轨道近于黄道面，但也有少数小行星的轨道是很扁的椭圆或对黄道面倾角很

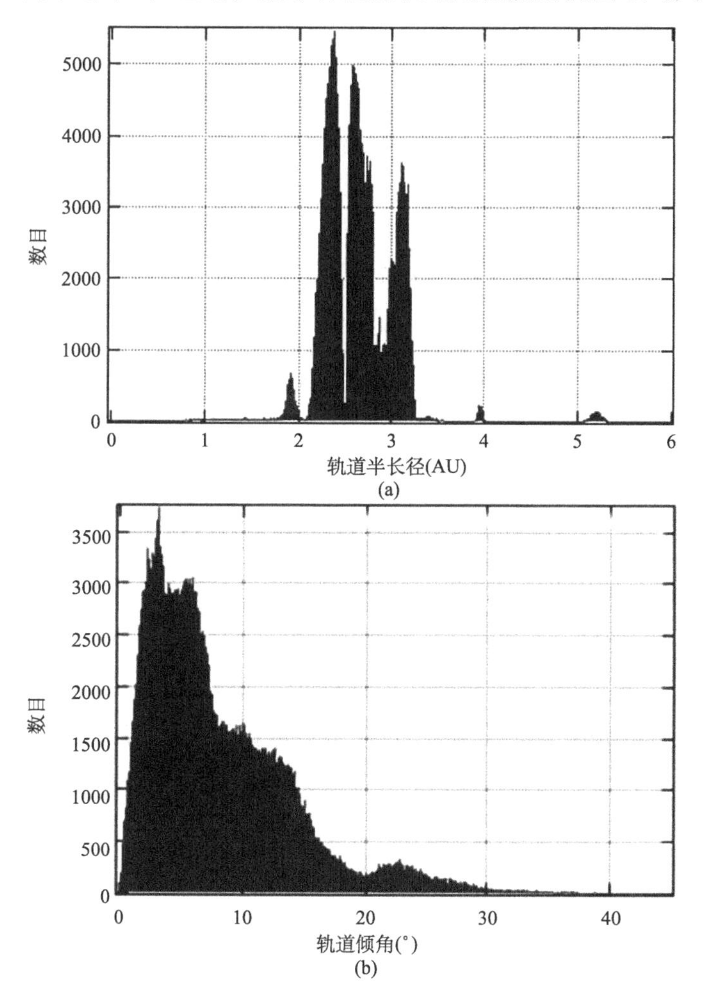

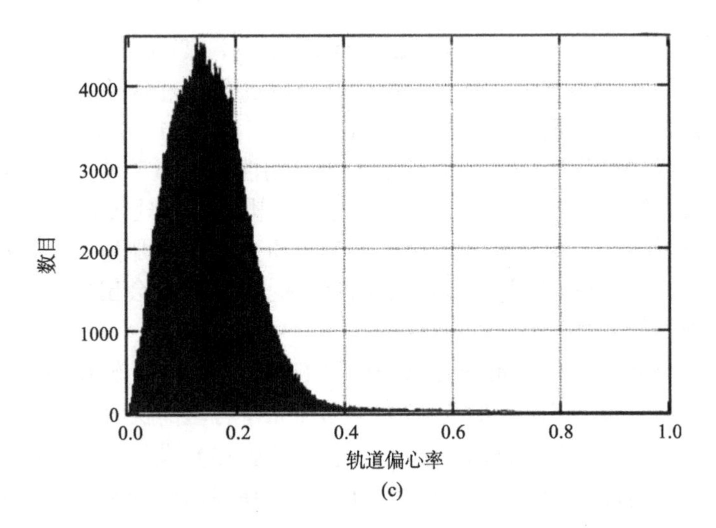

图 4.2 （a）小行星轨道半长径分布；（b）小行星轨道倾角分布；（c）小行星轨道偏心率分布

大的。现在，各小行星之间的距离达百万公里，轨道又各自倾斜，相互碰撞的机会还是较少的，平均半径 10 公里的小行星之间约 1 千万年才可能发生一次碰撞。但过去则可能有更多碰撞。

小行星主带由柯克伍德空隙进一步分为以下三部分。

小行星内带 在跟木星轨道共振 4∶1 与 3∶1 的 2.06～2.5AU 之间，最大的小行星是灶神星。它也包括称为主带Ⅰ的一群小行星（轨道半长径为 2.3～2.5AU，倾角小于 18°）。

小行星中带 在跟木星轨道共振 3∶1 与 5∶2 的 2.50～2.82AU 之间，最大的小行星是谷神星。又分为主带Ⅱa（轨道半长径为 2.5～2.706AU，倾角小于 33°）和主带Ⅱb（轨道半长径为 2.706～2.82AU，倾角小于 33°）。

小行星外带 在跟木星轨道共振 5∶2 与 2∶1 的 2.82～3.28AU 之间，最大的小行星是健神星。又分为主带Ⅲa（轨道半长径为 2.82～3.03AU，倾角小于 30°）和主带Ⅲb（轨道半长径为 3.03～3.27AU，倾角小于 30°）。

轨道半长径 a 值相近的一些小行星构成一个“小行星群（asteroid group）”。上述的小行星内带、中带和外带就是三个大群，后两群又各分为两个亚群。

有很多小行星在主带的外侧，约以与木星公转周期 2∶1 共振为界，称它们为带外侧小行星，它们主要在 Cybeles、Hildas、Thule 及 Trojan（特洛伊）四个小行星群中。

Cybeles 群 成员小行星的轨道半长径 a 在 3.27～3.5AU，轨道偏心率小于 0.3，轨道倾角小于 25°，它们与木星近于 7∶4 轨道共振，以主要成员 65 Cybeles 之名称为 Cybeles 群。

希尔达（Hildas）群 成员小行星的轨道半长径在 3.5～4.2AU，轨道偏心率 0.07，轨道倾角小于 20°，它们与木星近于 3∶2 轨道共振，以主要成员 153 Hilda 之名称为 Hildas 群。

Thule 群 成员小行星与木星 4∶3 轨道共振，主要成员有 279 Thule、（186024）2001 QG_{207}和（185290）2006 UB_{219}。

特洛伊群 成员小行星与木星近于 1∶1 轨道共振，将在后面讲述。

在主带内侧和主带区域也有几个小行星群，它们的轨道特征如下。

匈牙利（Hungaria）群 成员小行星的轨道半径为 1.78～2.0AU，轨道偏心率小于 0.18，轨道倾角为 16°～34°，以主要成员 434 Hungaria 之名而称为匈牙利群，至少含 52 颗已命名的小行星。近于与木星 9∶2 轨道共振和火星 3∶2 轨道共振。有些成员与火星轨道交叉，火星的引力摄动可导致成员数目减少。

Phocaea 群 成员小行星的轨道半径为 2.25～2.5AU，轨道偏心率大于 0.1，轨道倾角为 18°～32°，以主要成员 25 Phocaea 命名而称为 Phocaea 群，该群与匈牙利群由木星 4∶1 轨道共振分开。

Alinda 群 成员小行星的平均轨道半径为 2.5AU，轨道偏心率为 0.4～0.65，它们被木星 3∶1 轨道共振和地球的 4∶1 轨道共振维系，以主要成员 887 Alinda 命名而称为 Alinda 群。该群很多成员的近日距接近地球轨道而难于观测。该群小行星的轨道不稳定，最终会撞击木星或类地行星。

智神星群 成员小行星的平均轨道半径为 2.7～2.8AU，轨道倾角为 30°～38°，以主要成员智神星命名而称为智神群。

2. 小行星族

1918～1928 年，日本天文学家平山（K. Hirayama）发现，在几个小行星群的一些成员中，不仅 a 值相近，而且偏心率 e 值和倾角 i 值也相近。他把 a、e、i 值相近的一些小行星划为一个“小行星族”。33%～35%的主带小行星分别属于各小行星族，例如，图 4.3 的小行星轨道 a-e 和彩图 2 的 a_p-i_p 分布就呈现出在各小行星族集中的情况。应当指出，由于各小行星因经受的摄动不同而轨道在数十万年规则不断变化，在通常观测得到的（吻切）轨道根数分布（如图 4.4（a））相当弥散，不易识别小行星族的成员；“本征轨道根数（proper orbit element）”至少数千万年和更长久几乎保持常数，因此在本征轨道根数分布（如图 4.4（b））方面族成员明显地“聚类（cluster）”而易被识别出来。

显著的大族含几百颗小行星，小的族仅证认约 10 颗成员小行星。证认可靠的小行星族约 20～30 个，不很确定的小行星族有几十个。按轨道半长径增加次序，最显著的小行星族是 Flora 族、Eunomia 族、Koronis 族、Eos 族和 Themis 族，每族中各成员有类似的光学性质，可能是从同一母体碎裂出来的。

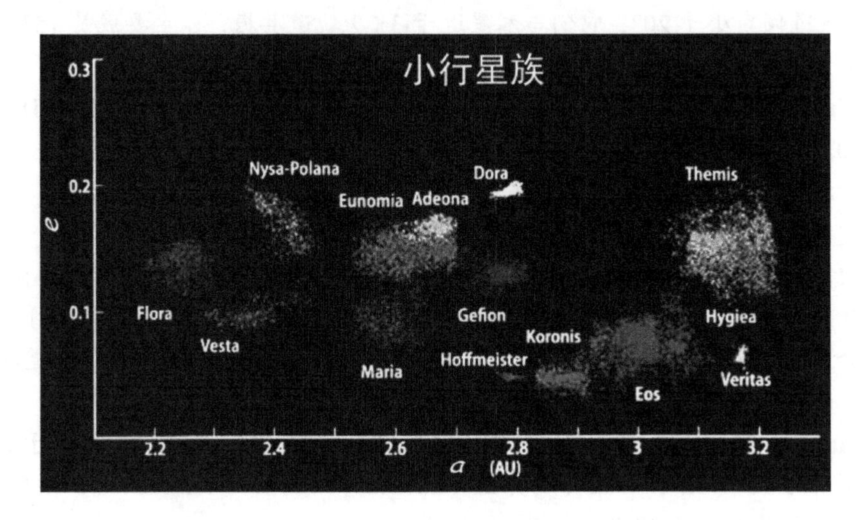

图 4.3 小行星族

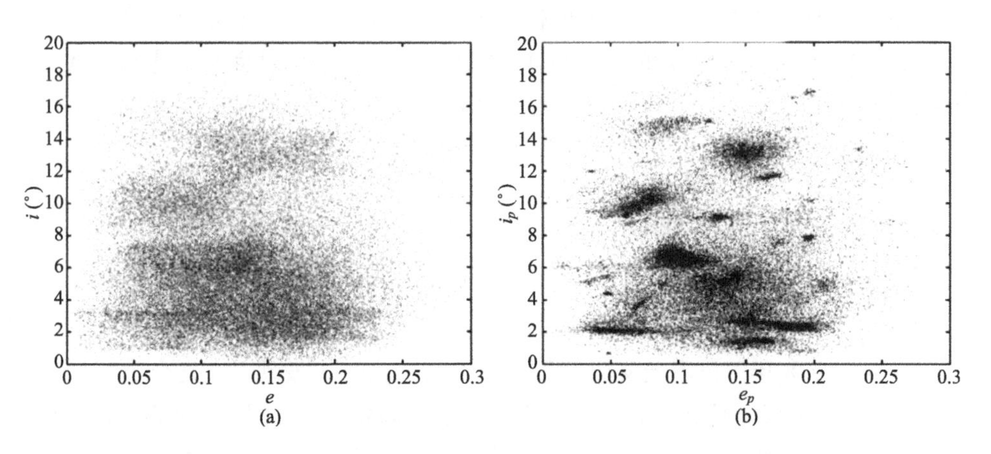

图 4.4 小行星的吻切轨道根数（a）与本征轨道根数（b）分布

Flora 族 以 8 Flora（花神星）之名命名，估计有 4000～5000 颗成员小行星，a 为 2.15～2.35AU，e 为 0.03～0.23，i 为 1.5°～8°，半数是碳质小行星，可能是小于 10 亿年前的一次碰撞形成的。

Eunomia 族 以 15 Eunomia 之名命名，有 400 多颗成员，a 为 2.53～2.72AU，e 为 0.08～0.22，i 为 11.1°～12.8°。

Koronis 族 以 158 Koronis 之名命名，有 300 多颗成员，a 为 2.83～2.91AU，e 为 0～0.11，i 为 0°～3.5°。

Eos 族 以 221 Eos 之名命名，已知成员 4400 多颗，a 为 2.99～3.03AU，e 为

0.01～0.13，i 为 8°～12°，成员小行星的大小分布说明该族年龄约 10 亿～20 亿年。

Themis 族 以 24 Themis（司理星）之名命名，有 500 多颗成员，a 为 3.08～3.24AU，e 为 0.09～0.22，i 为 0°～3°。

特别有趣的是 Vesta（灶神星）族，有数百成员，a 为 2.26～2.48AU，e 为 0.03～0.16，i 为 5.3°～8.3°，HED 陨石就是来自该族。

小行星族的小行星数目-大小分布特征（如图 4.5）表明，它们是母体分裂的碎块。

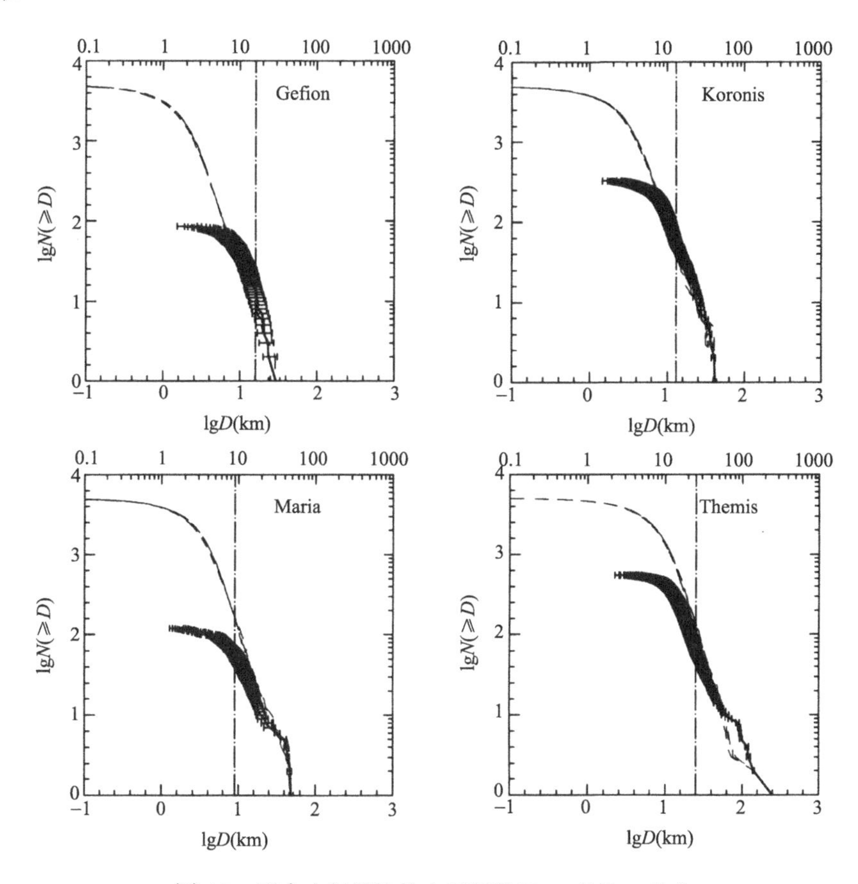

图 4.5 四个小行星族的小行星数目 N-直径 D 分布

有几个小行星族是新近时期形成的。Karin 族（聚类）有 90 多颗成员小行星，最大的是 832 Karin（直径约 19 公里），由其 13 颗重要成员小行星的轨道仔细逆推过去却合到同一个母体小行星轨道，估算出其年龄为 570 万年，说明那时的直径 33 公里母体小行星因撞击破碎而形成该族（聚类）小行星，而且这些成员小行星是新近破碎出来的母体碎块，它们缺少尘埃而反射率很大，且各成员相距不远而呈团，以后会相互远离而更分散。Veritas 族是约 830 万年前形成的，证据包括从海洋沉积物发现的星系际尘。更近期形成的有 Datura 族（聚类），似乎是约 45 万年前由一颗主带小行星撞击形成，其年龄依据现在轨道的成员数目概率估算，而且该族或是一些黄道尘埃物质之源。诸如 Iannini 族（聚类）等新近（100～500 万年前）形成的族可能也提供小行星尘的额外源。

在某些小行星族的成员中，除了过近日点时刻不同之外，其余五个轨道要素都相近，这些小行星构成“小行星流（stream）”，例如，Flora 族可分为 4 个小行星流。至少有 10 个小行星流，每个流有几颗到 20 颗左右成员，它们之间相对速度为 0.1～1 公里 / 秒，比轨道速度（约 20 公里 / 秒）和主带小行星平均相对速度（约 5 公里 / 秒）小很多。

3. 特洛伊小行星

1772 年，法国数学家拉格朗日（Joseph-Louis Lagrange）在研究“限制性三体问题”时得出，一颗小天体处于跟太阳和行星组成等边三角形的特殊点（称为“拉格朗日点 L_4 和 L_5”）附近区，它们的相对位形较稳定，基本上沿该行星轨道（共轨）相随地绕太阳公转（如图 4.6）。

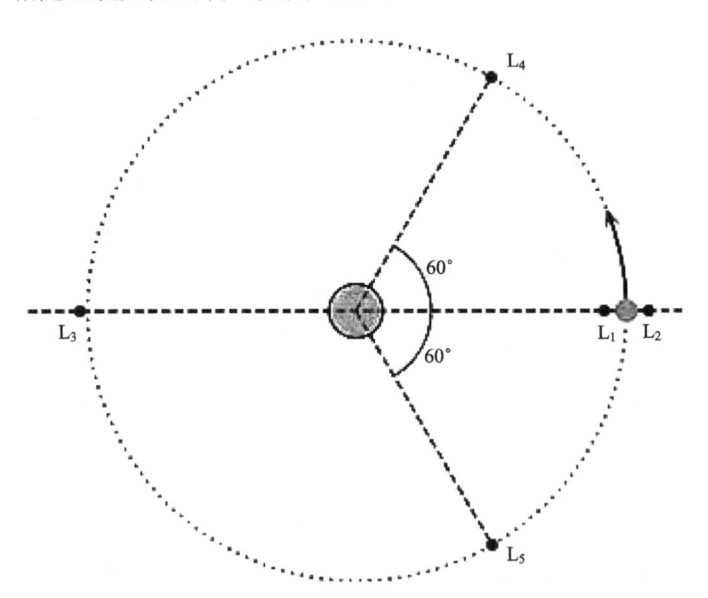

图 4.6 太阳（中）和行星（右）周围有 5 个特殊点——拉格朗日点

其中 L_4 和 L_5 与太阳和行星形成等边三角形，处于其附近区的小天体大致沿行星轨道随行星公转；另三个拉格朗日点在太阳-行星连线上

木星的特洛伊小行星的轨道半长径 a 值介于 5.05～5.40AU，并且在两个拉格朗日点 L_4 和 L_5 之间的一段弧形区域内（如图 4.7，彩图 1）。它们公转轨道周期近于木星的公转周期（1∶1 共振），又可按它们在木星轨道运动前后分为两群：前方（L_4 区）的称为“希腊群”；后方（L_5 区）的称为“特洛伊群”。它们的轨道倾角范围大（可达 40°），说明木星的特洛伊小行星群“厚”。其实，早在 1904 年，巴纳德（E. E. Barnard）就最先记录了一颗特洛伊小行星，但当时认为发现的是土星卫星或小行星，直到 1999 年算出其轨道，才被确认为特洛伊小行星（12126）1999 RM_{11}，而首先确认的是 1906 年沃尔夫发现的特洛伊小行星。基于巡天的新数据估算，希腊群有直径大于 2 公里的小行星约 63000 颗，而特洛伊群有约 34000 颗。

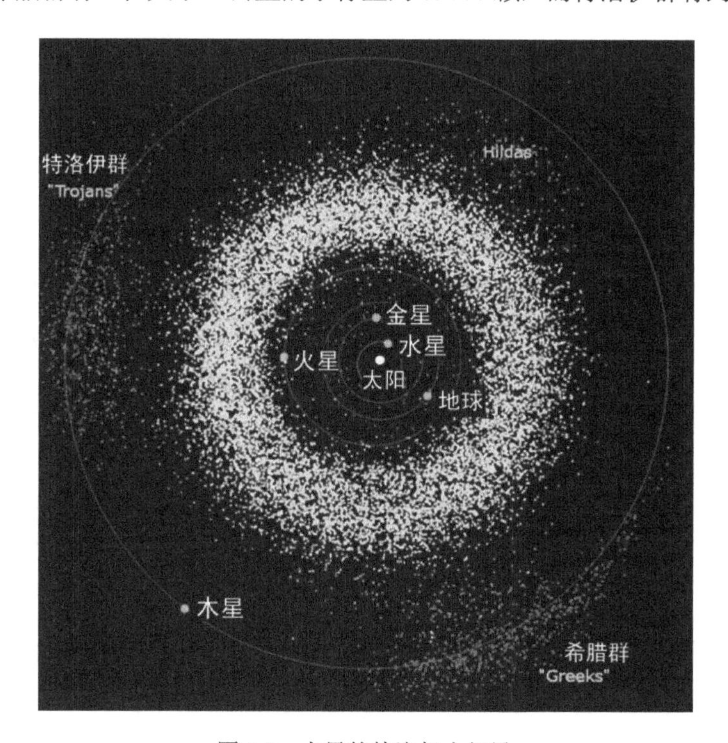

图 4.7　木星的特洛伊小行星

在木星的特洛伊小行星中，最大的是 624 Hektor，其平均直径约 203 公里，它可能是有小卫星的“接触双星”。2001 年，确认 617 Patroclus 是双小行星。这些小行星形状不规则，表面很暗，几何反照率为 0.03～0.10，57 公里以上的平均反照率约 0.056，而小于 25 公里的反照率约 0.121，4709 Ennomos 的反照率（0.18）最高。它们的质量、化学成分、自转或其他物理性质人们了解得很少。72 颗木星特洛伊小行星的光变曲线的分析得到其平均自转周期约 11.2 小时，而主带小行星控样的自转周期为 10.6 小时。木星的特洛伊小行星的光谱上类似于木星的不规则卫星光谱，一定程度上类似于彗核光谱，可以匹配水冰、大量富碳物质（木炭），可能有富镁硅酸盐。2008 年，凯克天文台宣布测得双小行星 617 Patroclus 的密度（0.8 克/立方厘米）小于水冰，说明它和其他木星的特洛伊小行星或更类似于彗星或柯伊伯带天体的成分——有尘层的水冰；而 624 Hektor 的密度为 2.48 克/立方厘米。这样的密度差异令人费解。

在太阳-地球的拉格朗日点 L_4 或 L_5 附近是否存在地球的特洛伊小行星？虽然早已发现几颗轨道运动跟地球 1∶1 共振的小行星，但由于它们不在地球的 L_4 或 L_5 附近摆动因而不是特洛伊小行星。2010 年 10 月，大视场红外巡天探测（WISE）卫星发现了小行星 2010 TK_7，2011 年估算出其轨道且它处于 L_4 附近，是目前唯一确认的地球特洛伊小行星。它的直径约 300 米，它绕太阳公转周期为 365.389（地球）日，近日距 0.81AU，远日距 1.19AU，轨道对地球轨道面-黄道面倾角 20.89°，它相对于地球的位置变化是很复杂的，图 4.8 是它在 2011 年相对于地球的位置变化（黄道面投影），它离地球最近时也比月球远 50 倍以上。它的视亮度变化介于 20.8 星等（接近地球时）到 23.8 星等，除了特大型望远镜观测，一般望远镜看不到它。

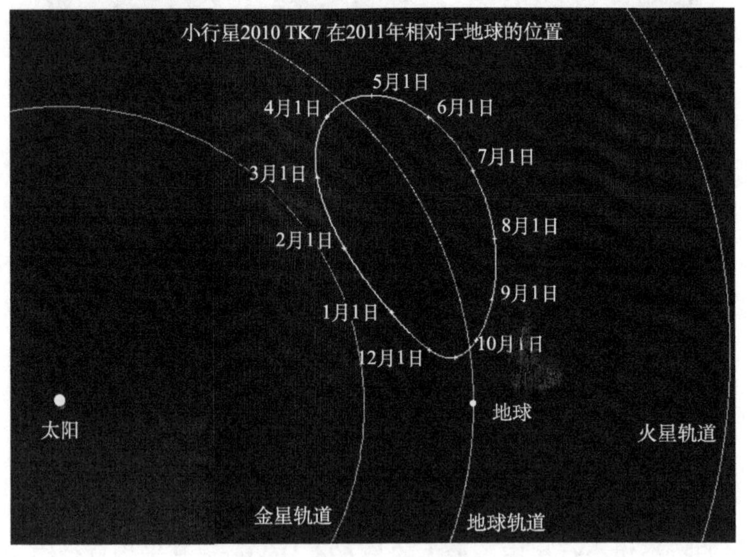

图 4.8　地球的特洛伊小行星

依此类推，在太阳-金星的拉格朗日点 L_4 或 L_5 附近也可能存在金星的特洛伊小行星。果然，在 2013 年 7 月 13 日，泛星计划（Pan-STARRS Project）的四位天文学家发现小行星 2013 ND_{15}（如图 4.9），其轨道半长径（0.7235AU）跟金星轨道半长径相当（近于共轨，1∶1 共振），但轨道偏心率较大（0.6115），而轨道倾角较小（4.7949°），已确认是金星拉格朗日点 L_4 附近的金星特洛伊小行星，其平均直径约 40～100 米。然而，它的轨道与水星轨道及地球轨道也是交叉的，且也与水星及地球公转（或近于共振），它在 2016 年 6 月 21 日接近地球到 0.077AU。此外，还发现其他三颗与跟金星共轨的小行星（2001 CK_{32}, 2002 VE_{68}, 2012 XE_{133}），但不是金星的特洛伊小行星。

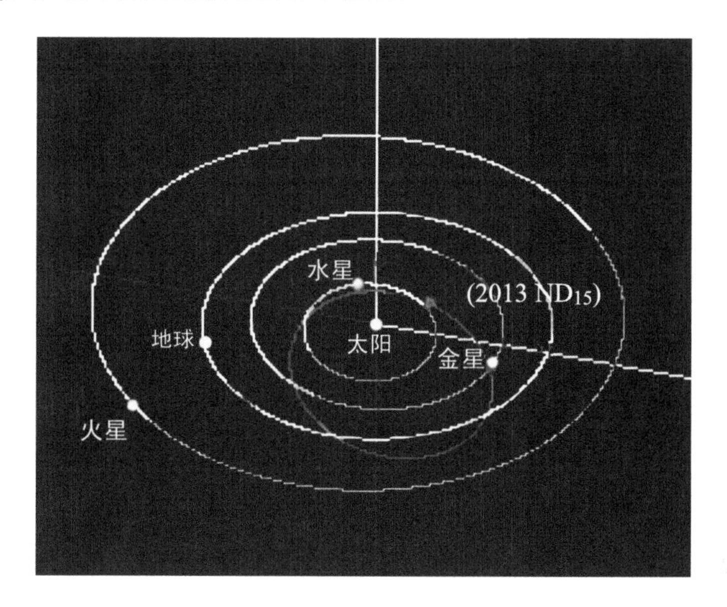

图 4.9 金星特洛伊小行星 2013 ND_{15} 的轨道

在太阳-火星的拉格朗日点 L_4 或 L_5 附近也发现了 7 颗火星的特洛伊小行星（如图 4.10）：在 L_5 附近有 6 颗——5261 Eureka、（101429）1998 VF_{31}、（311999）2007 NS_2、（385250）2001 DH_{47}、2011 SC_{191}、2011 UN_{63}；在 L_4 附近有 1 颗——（121514）1999 UJ_7。此外，还有 1 颗候选的 2011 SL_{25}。

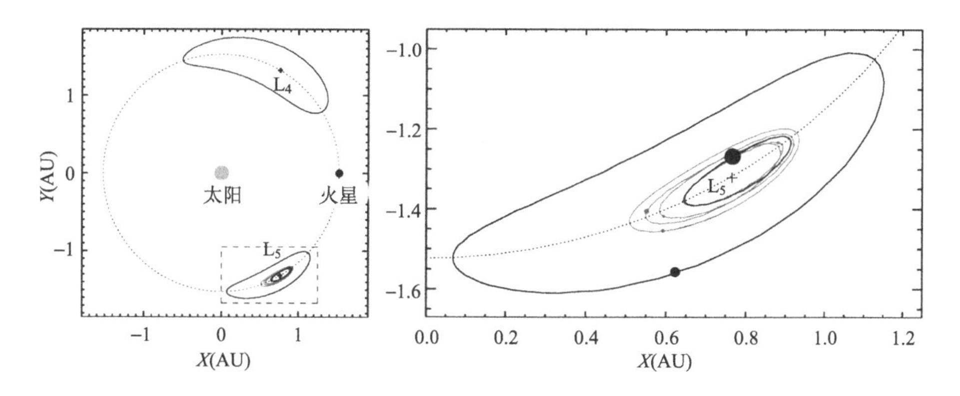

图 4.10 火星的特洛伊小行星

5261 Eureka是最先(1990年6月20日)被发现的，其轨道半长径为1.5236AU，轨道偏心率为0.065，轨道倾角20.28°，平均直径约1.3公里，其红外光谱是典型A型小行星光谱，而可见光谱符合钛辉无球粒陨石特征。有趣的是，2011年11月28日人们发现它有一颗卫星S/2011（5261）1，在离它2.1公里的轨道环绕，该卫星的直径约0.46公里。

（311999）2007 NS_2的轨道半长径为1.5238AU，轨道偏心率为0.054，轨道倾角18.62°，它现在相对于火星的半长径最小（近0.000059AU），平均直径800米到1.6公里。

（101429）1998 VF_{31}的轨道半长径为1.5241AU，轨道偏心率为0.1004，轨道倾角31.3°，光谱为S型小行星特征。

（385250）2001 DH_{47}的轨道半长径为1.5238AU，轨道偏心率为0.035，轨道倾角24.4°，平均直径562米。

2011 SC_{191}是2003年3月21日发现的2003 GX_{20}，后失踪，2011年10月31日再发现，其轨道半长径为1.5238AU，轨道偏心率为0.044，轨道倾角18.7°，平均直径600米。

2011 UN_{63}是2009年9月27日发现的2009 SA_{170}，后失踪，2011年10月21日再发现，其轨道半长径为1.5237AU，轨道偏心率0.0646，轨道倾角20.4°，平均直径560米。

（121514）1999 UJ_7的轨道半长径为1.5244AU，轨道偏心率为0.0393，轨道倾角16.75°，平均直径约1公里，光谱显示为X型小行星特征。

候选者 2011 LS_{25}是2011年9月21日发现的，其初步轨道的半长径为1.5239AU，轨道偏心率0.1145，轨道倾角21.5°，准确轨道尚未完全确定，平均直径约575米。

2011 QF_{99}是唯一已知的天王星特洛伊小行星，在L_4附近，其轨道半长径为19.08AU，轨道偏心率0.1785，轨道倾角10.82°，平均直径约60公里，几何反照率0.05。

在太阳-海王星的拉格朗日点L_4或L_5附近已发现13颗海王星的特洛伊小行星，它们的轨道特性和估计的直径列于表4.1，其中，在L_4附近9颗；在L_5附近3颗；还有1颗在L_3附近，但经常改变相对于海王星的位置而到L_4和L_5附近。由于它们远而暗，直到2001年才发现第一颗在L_4附近的2001 QR_{322}，2010年才宣布发现第一颗在L_5附近的2008 LC_{18}。2005 TN_{53}和2011 HM_{102}的轨道倾角大，说明海王星的特洛伊小行星群很“厚”。

表 4.1 海王星的特洛伊小行星

命 名	发现年份	L 点	近日距（AU）	远日距（AU）	轨道倾角（°）	绝对星等	平均直径（km）
2001 QR_{322}	2001	L_4	29.404	31.011	1.3	8.2	~140
2004 UP_{10}	2004	L_4	29.318	30.942	1.4	8.8	~100
2005 TN_{53}	2005	L_4	28.092	32.162	25.0	9.0	~80
2005 TO_{74}	2005	L_4	28.469	31.771	5.3	8.5	~100
2006 RJ_{103}	2006	L_4	29.077	31.014	8.2	7.5	~180
2007 VL_{305}	2007	L_4	28.130	32.028	28.1	8.0	~160
2008 LC_{18}	2008	L_5	27.365	32.749	27.6	8.4	~100
2004 KV_{18}	2004	L_5	24.553	35.851	13.6	8.9	56
2011 HM_{102}	2011	L_5	27.662	32.455	29.4	8.1	90~180
2010 EN_{65}	2010	L_3	21.109	40.613	19.2	6.9	~200
2012 UV_{177}	2012	L_4	27.806	32.259	20.8	9.2	~80
2014 QO_{441}	2014	L_4	26.961	33.215	18.8	8.2	~130
2014 QP_{441}	2014	L_4	28.022	32.110	19.4	9.1	~90

4. 人马怪天体

轨道半长径在木星与海王星轨道之间的小行星称为人马怪天体，它们有典型的小行星和彗星两种特性。它们的轨道跟一颗或多颗外行星的轨道交叉而不稳定，动力学寿命为几百万年。估计太阳系约有 44000 颗直径大于 1 公里的人马怪天体。虽然早在 1920 年就发现了第一颗人马怪天体 944 Hidalgo，但直到 1977 年发现的 2060 Chiron（喀戎）出现彗星特性后，才认识到它们是一类特殊的小行星。已确定的最大的人马怪天体是 1997 年发现的 10199 Chariklo，其直径 250 公里，它有个环系；而失踪的 1995 SN_{55} 可能还大些。表 4.2 列出了部分著名的人马怪天体。

表 4.2 著名的人马怪天体

编号 命名	发现年	发现者	未来寿命（百万年）	类型
55576 Amycus	2002	NEAT at Palomar	11.1	UK
54598 Bienor	2000	Marc W. Buie et al.	?	U
10370 Hylonome	1995	Mauna Kea Observatory	6.3	UN
10199 Chariklo	1997	Spacewatch	10.3	U
8405 Asbolus	1995	Spacewatch（James V. Scotti）	0.86	SN

续表

编号 命名	发现年	发现者	未来寿命（百万年）	类型
7066 Nessus	1993	Spacewatch（David L. Rabinowitz）	4.9	SK
5145 Pholus	1992	Spacewatch	1.28	SN
2060 Chiron	1977	Charles T. Kowal	1.03	SU

注：类型符号表示近日距/远日距近于：S——土星、U——天王星、N——海王星；K——在柯伊伯带

图 4.11 给出已知的人马怪天体的轨道分布，圆斑表示其直径且可读其轨道半长径（横坐标），过圆的直线段表示近日距到远日距、而其倾斜程度表示轨道倾角。

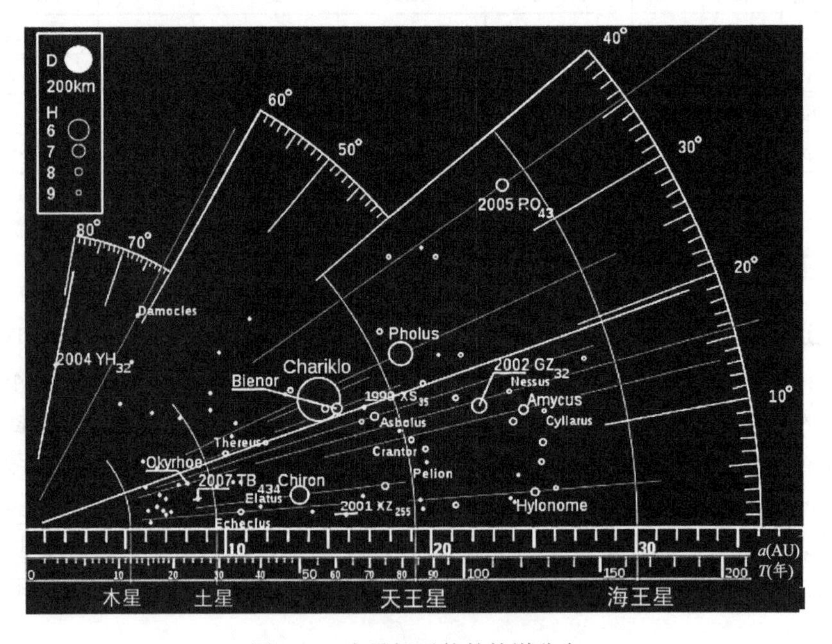

图 4.11 人马怪天体的轨道分布

人马怪天体的公转轨道运动周期跟某行星的公转轨道周期近于成简单整数比，成“轨道共振”。例如，55576 Amycus 跟海王星 3∶4 共振，由于海王星的周期性引力摄动而使其轨道在 10^6～10^7 年内变为不稳定，若轨道改变，可能撞击行星而陨毁。

由于人马怪天体较小且较远，迄今还没有人马怪天体的近距摄像可以用来了解它们的表面成分，但其中有些颜色和光谱观测指示其可能的表面成分。

经蓝（B）、可见光（V，即绿-黄波段）、红（R）滤色片拍摄它们的像，发现它们的颜色很不一样，可分为两类：很红的，如 5145 Pholus；蓝的（或蓝灰

的），如 2060 Chiron。它们的颜色差别可以用许多理论来解释，这些理论大致分为两种：一种是它们的起源或成分不同；另一种是受辐射的空间风化或彗星活动影响产生的差别，如 5145 Pholus 较红可能是被辐照红色有机物的幔，而 2060 Chiron 蓝灰色可能是由于其周期的彗星活动而暴露冰。但是，彗星活动与颜色的联系不一定像活动的人马怪天体那样历经蓝（Chiron）到红（166P/NEAT）的颜色范围。另外，5145 Pholus 可能只是新近从柯伊伯带“驱除”来的，以致尚未发生表面转变。也有多种“抵触”过程被提出：辐射所致红化、撞击所致“脸红”。

人马怪天体的光谱常是模糊的，可拟合很多表面模型。很多人马怪天体（包括 2060 Chiron、10199 Chariklo、5145 Pholus）光谱确实有水冰标志，但 2060 Chiron 光谱在其彗星活动低期探测到水冰标志，而活动高期消失。此外，也有一些其他模型被提出：10199 Chariklo 的表面是索林（tholins）与无定形碳的混合物；5145 Pholus 覆盖索林、炭黑、橄榄石和甲烷冰的混合物；52872 Okyrhoe 表面是油母页岩、橄榄石和少量水冰的混合物。

2060 Chiron 虽然比典型彗核大得多，对于其在 1988 和 1989 年近日点附近出现彗发的言论，至今尚存在某些争议。166P/NEAT 和 60558 Echeclus 也出现这样的活动，因而有小行星和彗星两种编号。

人马怪天体与彗星之间的轨道差别还不清楚。因为彗星 39P/Oterma 和 29P/Schwassmann-Wachmann 有典型的人马怪天体轨道，也作为人马怪天体。如果暗彗星 38P/Stephan-Oterma 的近日距在木星轨道外，可能就不显示彗发。到 2200 年，彗星 78P/Gehrels 可能向外迁移到类人马怪轨道。

五、主带小行星的性质与类型

虽然小行星比行星小得多而且演化程度较小，但观测研究表明，各小行星的情况很复杂，它们之间存在相当大的性质差别，可以分为多种类型，为探索行星的起源演化提供宝贵线索。

1. 小行星的大小和形状

由于小行星离地球远且很小，测出它们的大小和形状是十分困难的。1894～1895 年，巴纳德开始由小行星的视角径和距离观测资料来计算其直径 *D* 值，所得结果精度不高，例如，他得出谷神星的 *D*=（781±87）公里、智神星 *D*=（490±118）公里、灶神星 *D*=（391±46）公里。现在常用小行星的亮度和反照率的观测资料来推算其平均直径。近年用斑点干涉仪测出几颗亮的小行星直径，例如，智神星 *D*=（573±55）公里、灶神星 *D*=（550±51）公里。根据小行星掩（恒）星的联合观测资料，可以得
到小行星大小的更佳结果，例如，从 1978 年 5 月 29 日智神星掩星得出其 *D*=（538±12）公里，从 1975 年 1 月 23 日爱神星掩星得出其 *D*＝12.23 公里，从 1978 年 6 月 7 日（532）大力神星（Herculina）掩星得出其 *D*＝243 公里。此外，用雷达探测也得出几颗小行星的大小，例如，爱神星平均 *D*=（16±4）公里，还确定出其形状不规则。显然，最准确的方法是飞船到近距探测。

除了谷神星，主带小行星中最大的是（4）灶神星和（2）智神星，直径大于 200 公里的有 26 颗。直径大于 100 公里的约 200 颗。估计直径大于 10 公里的约 2000 颗，直径大于 1 公里的达 50 万颗。图 5.1 给出小行星直径的数目分布，可解释为大母体破碎为更多更小的小行星。

较大的小行星大致是球形的，但大多数小行星是形状不规则的，这说明它们可能是小行星母体碰撞瓦解的碎块。

表 5.1 给出了一些较大的主带小行星的汇编数据（含其他方法测得的数据），图 5.2 给出了部分小行星的大小和形状。

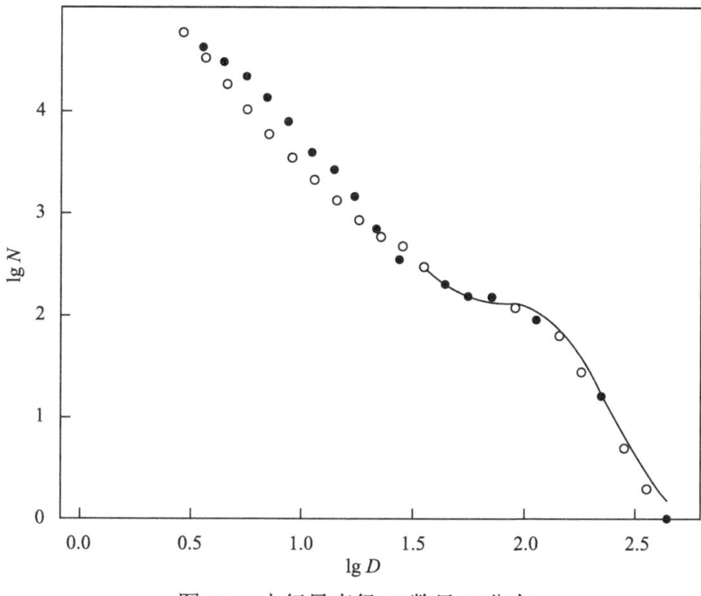

图 5.1 小行星直径 D-数目 N 分布

表 5.1 一些较大的主带小行星（按平均直径由大到小排序）

编号 命名	平均直径（km）	轴长（km）	轨道半径（AU）	发现日期	类型
1 Ceres（谷神星）	946	965×962×891	2.766	1801.1.1	G
4 Vesta（灶神星）	525.4	572.6×557.2×446.4	2.362	1807.3.29	V
2 Pallas（智神星）	512	550×516×476	2.773	1802.3.28	B
10 Hygiea（健神星）	431	530×407×370	3.139	1849.4.12	C
704 Interamnia	326	350×304	3.062	1910.10.2	F
52 Europa	315	380×330×250	3.095	1858.2.4	C
511 Davida	289	357×294×231	3.168	1903.5.30	C
87 Sylvia	286	385×265×230	3.485	1866.5.16	X
65 Cybele	273	302×290×232	3.439	1861.3.8	C
15 Eunomia	268	357×255×212	2.643	1851.7.29	S
3 Juno（婚神星）	258	320×267×200	2.672	1804.9.1	S
31 Euphrosyne	256		3.149	1854.9.1	C
624 Hektor	241	370×195（×195）	5.235	1907.2.10	D
88 Thisbe	232	221×201×168	2.769	1866.6.15	B
324 Bamberga	229		2.684	1892.2.25	C
451 Patientia	225		3.059	1899.12.4	
532 Herculina（大力神星）	222		2.772	1904.4.20	S

续表

编号 命名	平均直径（km）	轴长（km）	轨道半径（AU）	发现日期	类型
48 Doris	222	278×142	3.108	1857.11.19	C
375 Ursula	216		3.126	1893.9.18	
107 Camilla	215	285×205×170	3.476	1868.11.17	C
45 Eugenia	213	305×220×145	2.720	1904.4.20	F
7 Iris	213	240×200×200	2.386	1847.8.13	S
29 Amphitrite	212	233×212×193	2.554	1854.3.1	S
423 Diotima	209	171×138	3.065	1896.12.7	C
19 Fortuna	208	225×205×195	2.442	1852.8.22	G
13 Egeria	206	217×196	2.576	1850.11.2	G
24 Themis	198		3.136	1953.4.5	C
94 Aurora	197	225×173	3.160	1867.9.6	C
702 Alauda	195		3.195	1910.7.16	
121 Hermione	190	268×186×183	3.457	1872.5.12	C
259 Aletheia	190		3.135	1886.6.28	CP/X
372 Palma	189		3.149	1793.8.19	
128 Nemesis	188		2.751	1872.11.25	C
6 Hebe	186	205×185×170	2.426	1784.7.1	S
16 Psyche	186	240×185×145	2.924	1852.3.17	M
120 Lachesis	174		3.301	1872.4.10	C
41 Daphne	174	213×160	3.517	1856.5.22	C
9 Metis	174	222×182×130	2.385	1848.4.25	S

2. 小行星的质量和平均密度

测定小行星的质量是很困难的，所得结果较少，也不够准确。从较大的小行星对其他小行星（及火星）的引力摄动可以推算出它们的质量。当然，从小行星对飞船的引力摄动可以更好地推算出它们的质量。表 5.2 为几颗质量大的小行星的数据。

图 5.2 小行星的大小和形状

表 5.2 几颗质量大的小行星

编号 命名	质量（$\times10^{18}$kg）	精确度
1 Ceres	939.3	0.05%（939～940）
4 Vesta	259.076	0.0004%（259.075～259.077）
2 Pallas	201	6.4%（188～214）
10 Hygiea	86.7	1.7%（85.2～88.4）
31 Euphrosyne	58.1	34%（38.4～77.8）
704 Interamnia	38.8	4.6%（37.0～40.6）
511 Davida	37.7	5.2%（35.7～39.7）
532 Herculina	33	17%（27～39）
15 Eunomia	31.8	0.9%（31.5～32.1）
3 Juno	28.6	16%（24.0～33.2）
16 Psyche	22.7	3.7%（21.9～23.5）
52 Europa	22.7	7%（21.1～24.3）
88 Thisbe	18.3	6%（17.2～19.4）

续表

编号 命名	质量（$\times 10^{18}$kg）	精确度
7 Iris	16.2	5.6%（15.3～17.1）
13 Egeria	16	27%（12～20）
423 Diotima	16	未知
29 Amphitrite	15.2	4%（14.8～15.6）
87 Sylvia	14.78	0.4%（14.72～14.84）
48 Doris	12	50%（6～18）

如果小行星有卫星，就可以由卫星绕转轨道运动资料进行推算，考虑到小行星的质量 M 比太阳质量 $M_\odot$ 小得多，卫星的质量比小行星质量小得多，用准确的开普勒第三定律公式可以导出计算小行星质量的近似公式：$M=(a_s/a)^3(T/T_s)^2M_\odot$，式中，$a$ 和 T 是小行星绕太阳的轨道半长径和周期，a_s 和 T_s 是卫星绕小行星转动的轨道半长径和周期。

原则上，测定了一颗小行星的质量、大小和形状（因而算出体积），就可以算出它的平均密度，进而推测它的成分。然而，除了飞船已探测的少数小行星有比较准确的结果，或其他方法得到某些小行星的近似结果外，大多数小行星仅由有关观测资料（如反照率）粗略估算其大小，再用假定的平均密度来估算其质量。

例如，马齐斯（F. Marchis）等用此方法计算出小行星（87）Sylvia（西尔维亚）的质量，进而算出它的平均密度仅 1.2 克/立方厘米，这比一般岩石的密度小很多，说明它可能不是大的整块岩石体，而是冰和碎石的松散无序集合体，可能有 60%的空隙。很多小行星的密度小于陨石颗粒的密度，说明小行星内有空隙（如图 5.3）。

一般，平均密度不超过 2.0 克 / 立方厘米的小行星可能类似于木星和土星的冰卫星或冰-碎石集合体，而平均密度大于 2.5 克 / 立方厘米的小行星则类似于月球和火星卫星的岩石体。

估算得出，全部主带小行星加在一起的总质量约 3.0×10^{21} 千克，约为地球质量的万分之五，为月球质量的 4%，其中几颗大的小行星占了大部分。小行星的质量越小，其数目越多。除了几颗最大的小行星，小行星数目 N 与质量 M 大致有如下的经验关系（常称为“质量谱”）：$N(M)\propto M^{-5/3}$ 或 $N(M)\propto M^{-11/5}$。这样的质量谱反映了母体撞碎而产生众多较小的小行星。

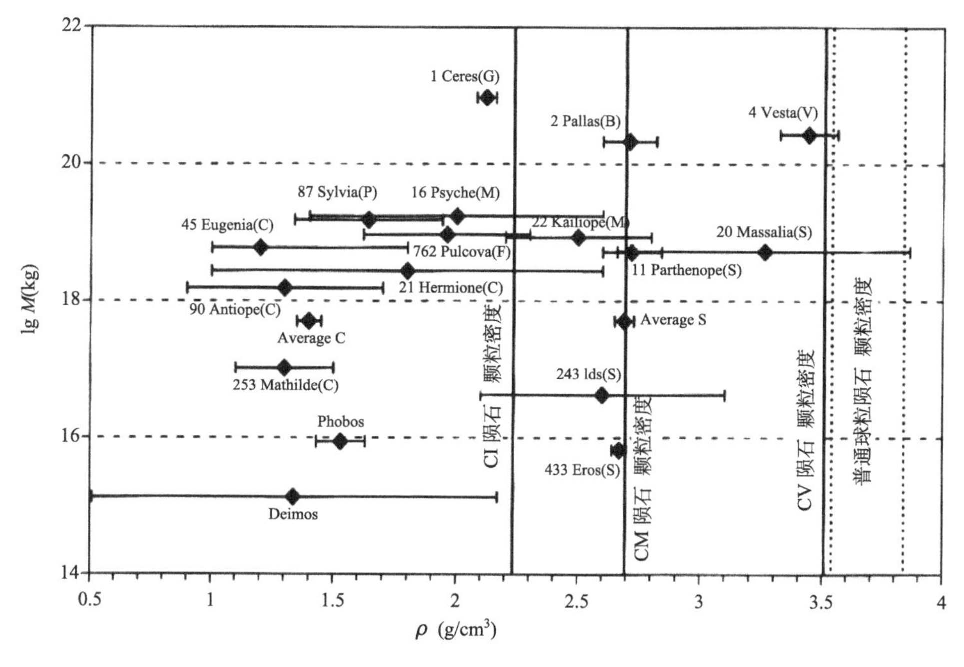

图 5.3　小行星的质量 M 与密度 ρ

3. 主带小行星的分类

近四十年来，已有多种技术方法可用来观测小行星的表面特性和成分，包括可见光反射光谱、偏振测量、红外辐射测量、UBV 三色光度测量、红外光谱、紫外光谱、射电辐射测量及雷达探测等，已得到几百颗小行星的丰富资料，综合这些资料可进行小行星分类研究。

1）小行星的反照率

小行星表面物质的性质决定其反射太阳光的性质。小行星的反照率可以由偏振测量和红外辐射测量两种方法求出来。太阳光照射到小行星表面，一部分被吸收，一部分被反射出来。在入射方向（相角 0°）反射的光流与入射光流之比称为“几何反照率”（以下简称反照率）。偏振测量可得到反射光的偏振度，再利用实验得到的偏振度跟反照率及相角的关系，就可得出小行星的反照率。偏振测量一般在可见光波段进行，因而得出的小行星（可见光）反照率记为 Pv。红外辐射测量利用能量守恒原理，小行星吸收的太阳辐射正比于（1－Pv），它使小行星加热并发出红外热辐射，因此红外辐射也正比于（1－Pv）。于是，可以从小行星的红外辐射求出其反照率 Pv。小行星反照率 Pv 的数目呈现双模式分布，显著的（数目）峰在 Pv=0.05 和 Pv=0.18。按照小行星的反照率 Pv，可把小行星分为低反照率的碳质小行星（C 类）和高反照率的石质小行星（S 类）。

反照率跟小行星表面的物质成分、颗粒大小及表面结构有关，但只能粗略地反映表面情况，要确切地认识小行星表面情况，还需结合其他资料来综合判断。

2）小行星的分类

虽然各小行星的表面成分和性质有相似性，但也有相当的差别，可以按照各种观测资料、尤其是光谱特征把多数小行星分类。现在流行的分类始于 1975 年 C. R. Chapman、D. Morrisn、B. Zellner 的提议，最初把较亮的小行星分为 C（反照率低、碳质的）和 S（反照率较高、石质的）两类及不确定的 U 类。之后根据更多的观测资料作了分类改进，最广泛使用的是 D. J. Tholen 在 1984 年提出的类型体系，并由 20 世纪 80 年代“八色小行星巡天（ECAS）”期间所得宽带光谱（波长 0.31～1.06 微米）、结合反照率资料而发展，最初是基于 978 颗小行星而建的类型：包括大多属于三大类（group）的 14 型（type）和几个新的型，它们的最大小行星例子如下。

◆ C 类，暗的碳质体

B 型（2 Pallas-智神星）

F 型（704 Interamnia）

G 型（1 Ceres-谷神星）

C 型（10 Hygiea），其余大多“标准”C 型小行星

◆ S 类（15 Eunomia）硅酸盐（或石质）体

◆ X 类

M 型（16 Psyche）金属体，第三最普通类

E 型（44 Nysa, 55 PandoraP190）大多反照率高而不同于 M 型

F 型（259 Aletheia, 190 Ismene; CP:324 Bamberga）大多反照率低而不同于 M 型

还有小的型：A 型（246 Asporina）; D 型（624 Hektor）; T 型（96 Aegle）; Q 型（1862 Apollo）; R 型（349 Dembowska）; V 型（4 Vesta-灶神星）。表 5.3 给出了各类型小行星的光谱特征。

显然，只有较亮的小行星才能得到较多观测资料，进而分类。改正观测对亮度的选择效应，在较大的（直径大于 100 公里）小行星中，C 类约占 65%，S 类占 15%，D 型占 8%，P 型占 4%，M 型占 4%，其他类占 4%。实际上，其中没有大的 A、E、Q 型小行星（它们都小于 100 公里），R、V 型的都只有 1 颗，B、F、G、 K 和 T 型各有 2～5 颗。统计还表明，各类所占比例跟小行星直径大小无太大关系。

表 5.3 小行星的光谱分类

类型	反照率	光谱特征（波长 0.3～1.1 微米）	备注
C	**0.05**	**中性，波长≤0.4 微米，微弱吸收**	**碳质小行星，亚类 B、F、G**
D	0.04	波长≥0.7 微米，很红	
F	0.05	平坦	
P	0.04	无特征，斜向红	
G	0.09	与 C 类相似，但波长≤0.4 微米，有较深吸收	
K	0.12	与 S 类相似，但斜率小	
T	0.08	中等斜率，有弱的紫外和红外吸收带	
B	0.14	与 C 类相似，但略向长波倾斜	
M	**0.14**	**无特征，斜向红**	石铁或铁小行星
Q	0.21	波长 0.7 微米，两侧有强吸收特征	
S	**0.18**	**波长≤0.7 微米，很红，典型有波长 0.9～1.0 微米吸收带**	石质小行星
A	0.42	波长≤0.7 微米，极红，有波长>0.7 微米的深吸收	顽辉石小行星
E	**0.44**	**无特征，斜向红**	
R	0.35	与 A 类相似，但有略弱的吸收带	
V	0.34	波长≤0.7 微米，很红，波长 0.98 微米附近有深吸收	HED 陨石
其他	任何	除上述以外	

注：E、M 和 P 在这些波段没有光谱差别，要求独立的反照率测量

E 型和 R 型主要是离太阳近的小行星，其次是 S 类小行星在主带内区外，而离太阳远的主带外的小行星都是 M、F、C 型的，D 型以特洛伊群小行星为主。一般认为，这样的类型-距离分布（如图 5.4）意味着小行星就形成于现在离太阳

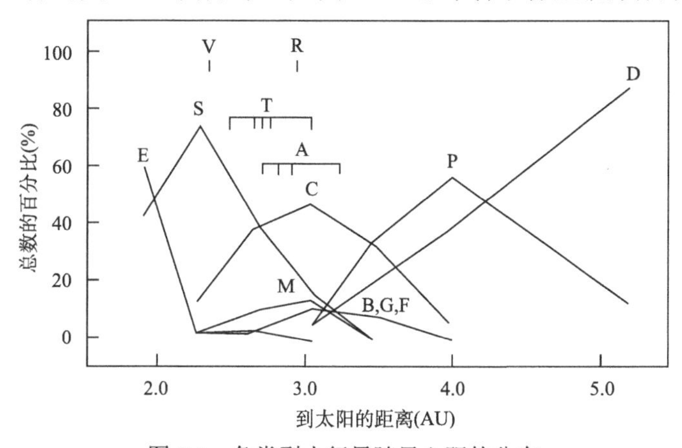

图 5.4 各类型小行星随日心距的分布

的距离附近，各类型的成分反映原始星云的性质，因而为研究太阳系形成提供一定条件。然而，由于小行星的轨道容易受行星的引力摄动而改变，也应考虑空间风化和地质演化因素。

随着小行星光谱观测分辨率的提高，可以分析出更多谱线特征。2002 年，基于主带小行星光谱巡天（SMASS）的 1447 颗小行星资料（但没有考虑反照率），S. J. Bus 和 R. P. Binzel 提出新的类型系统，将小行星划分为 26 型，大部分的小行星依然在 C、S 以及 X 三类中，一些不寻常的小行星被分类在较小的型。

◆ C 类 碳质体，包括：

B 型　大多跟 Tholen 的 B 、F 型重叠

C 型　大多“标准”的非 B 型碳质体

Cg, Ch, Cgh 型　跟 Tholen G 型有些相关

Cb 型　平滑的 C 型与 B 型之间过渡型

◆ S 类 硅酸盐（石质）体，包括：

A 型

Q 型

R 型

K 型　新的型（181 Eucharis, 221 Eos）

L 型　新的型（83 Beatrix）

S 型　大多“标准”的 S 类

Sa, Sq, Sr, Sk, Sl 型　平滑的 S 型与其他型之间过渡型

◆ X 类　大多金属体，包括：

X 型　大多“标准”的 X 类（含 Tholen 的 M, E 或 P 型）

Xc, Xk 型　平滑的 X 型与相应型之间的过渡型

T 型

D 型

Ld 型　比 L 型更极端谱特征的新型

O 型（3628 Božněmcová）小的类型

V 型（4 Vesta）

几颗近地小行星的光谱跟这些类型差别很大，可能因为它们很小和年轻而表面变化少。

3）小行星表层的物质成分

有些小行星类型跟陨石类型相关：C 型与碳质球粒陨石；S 型与石陨石；M 型与铁陨石；V 型与 HED 陨石。

飞船近距考察的小行星大多是表面受陨击和不规则的。许多小行星的形状不规则，表明它们是母体受碰撞瓦解的碎块。许多小行星由其亮度随其自转变化而

知道其表面不均匀。有些小行星的高分辨雷达像也表明其表面不均匀。火星的两颗卫星可能是被俘获的小行星，其表面情况可能代表小行星的典型。陨击使小行星表面形成表土层，偏振、光谱、红外辐射、射电观测及雷达探测都表明，许多小行星表面有类似于月球表土的性质。

从小行星的紫外、红外和可见光的光谱分析可得到其表面物质成分和矿物的一些线索，证认出金属铁、辉石、橄榄石、不透明物质（非结晶碳等）及层状硅酸盐（黏土）等。

在小行星的光谱上已证认出大多数陨石类型的矿物组合。但是，除非有些 S 类小行星与普通球粒陨石对应，主带小行星一般缺乏这类陨石的矿物组合，而 C 类小行星及金属-硅酸盐组合的却很多。谷神星及多数较大的小行星在表面性质上类似于碳质球粒陨石，被认为是演化程度小的太阳系原始天体。但是，灶神星等的性质却类似于分异的陨石，为什么有如此差别，这仍是未解之谜。

图 5.5 为几颗小行星和陨石的光谱。

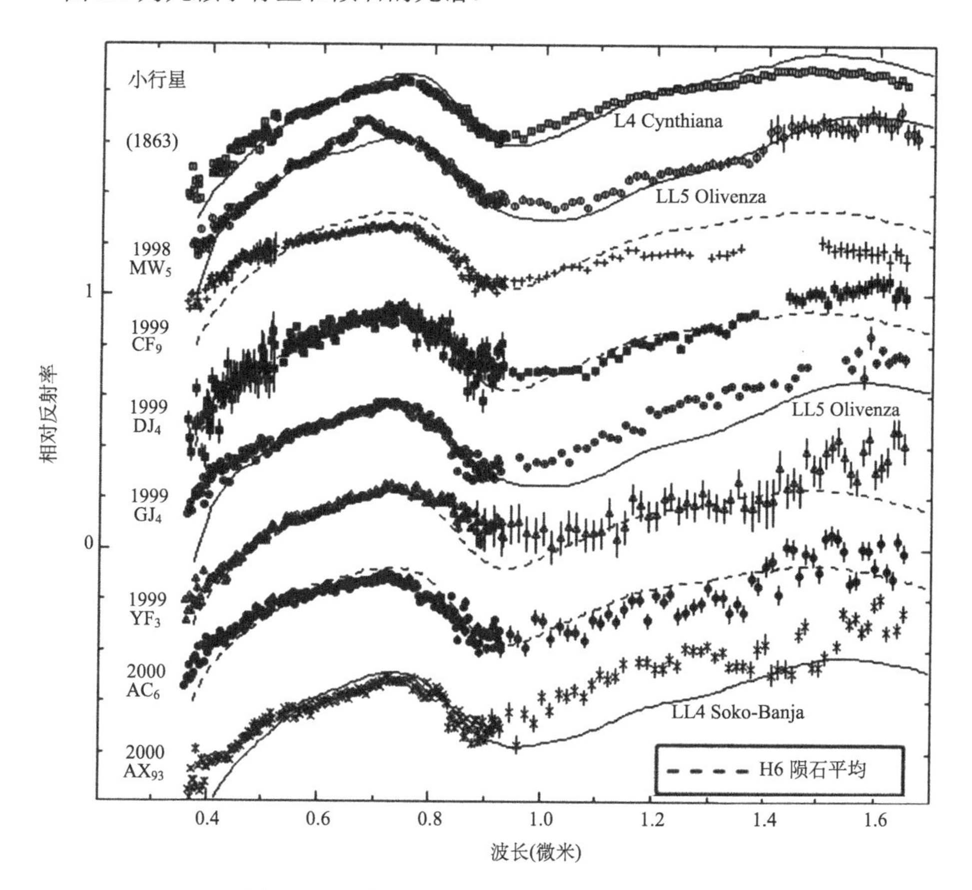

图 5.5 几颗小行星（点）和陨石（线）的光谱

在红外光谱中，谷神星、智神星、（19）Fortuna、（52）Europa 等 C 类小行星有 H_2O 的吸收带；还得出谷神星有 15%H_2O、智神星有 5%H_2O，但光谱却类似基本无 H_2O 的 C4 碳质陨石。灶神星、C 类的（10）健神星、（554）Peraga 等没有 H_2O 的吸收带。因此，对小行星光谱的解释也应当慎重。

六、小行星的卫星

多数行星（地球、火星、木星、土星、天王星、海王星）都有卫星绕转，同时带着卫星绕太阳公转。那么，小行星是否也有卫星呢？多年来，大量的实际观测搜寻和一些理论探讨，确证了某些小行星有卫星。小行星卫星的发现是很重要的，因为从其卫星的轨道数据，可以用开普勒第三定律估算出小行星的质量和密度，了解它们的物理性质。

1. 小行星卫星的发现

1978 年 6 月 7 日，（532）大力神（Herculina）小行星掩一颗恒星的过程中，不仅观测到因该小行星遮挡恒星而造成恒星亮度减弱的主掩事件，而且还意外地观测到二次掩事件——归因于其卫星掩星。从掩星记录推算出：大力神小行星与其卫星的投影距离为 977 公里，大力神小行星及其卫星的直径分别为 243 公里和 45.6 公里。此后，又观测到大力神小行星的几个二次掩星事件，甚至推断它可能有多颗卫星。如果小行星的卫星绕转轨道面侧向我们，小行星及其卫星就会发生周期性的相互遮掩现象，它们的总亮度就会周期性变化，因此可以从亮度的周期变化观测资料推算出小行星的卫星，例如，从（171）Ophelia 的亮度周期变化资料得出：其卫星的轨道周期为 13 小时，Ophelia 和其卫星的直径分别为 80 公里和 27 公里，它们的距离约 100 公里。最为有效的方法是用哈勃太空望远镜或有自适应光学系统的地面大望远镜拍摄到小行星及其卫星，然而，上述的小行星卫星都没有确认。雷达也可以探测近地小行星的卫星。尤其是飞船在较近距离直接拍摄到小行星及其卫星。

伽利略飞船在飞往木星的旅途中，于 1993 年 8 月近距拍摄到小行星（243）Ida（艾达）及其卫星 Dactyl（如图 6.1），这是第一颗被确认的小行星卫星。艾达形如山芋，大小为 56 公里×15 公里，一半比另一半的陨击坑多，有沟槽，还散布几十米大的砾石和表土，以及新的大陨击溅射的蓝色沉积斑片，陨击暴露的深处物质跟普通球粒陨石一样。卫星 Dactyl 的平均半径为 0.7 公里，形状近于三轴 1.6 公里×1.4 公里×1.2 公里的扁球，它离 Ida 中心大约 100 公里。

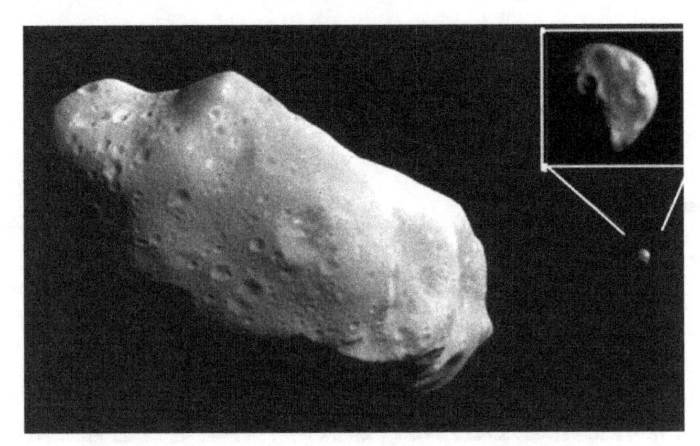

图 6.1 小行星（243）Ida（左）及其卫星（右）

1998 年 11 月，夏威夷的加拿大-法国-夏威夷望远镜发现（45）Eugenia 的一颗小卫星 S/1998（45）1，命名为 Petit-Prince（正式名（45）Eugenia I Petit-Prince），这是第二颗被确认的小行星卫星，也是地面望远镜发现的第一颗小行星卫星。小行星 Eugenia 的平均直径为 213 公里，而其卫星直径仅约 13 公里，它每 5 天绕 Eugenia 转一圈（如图 6.2）。

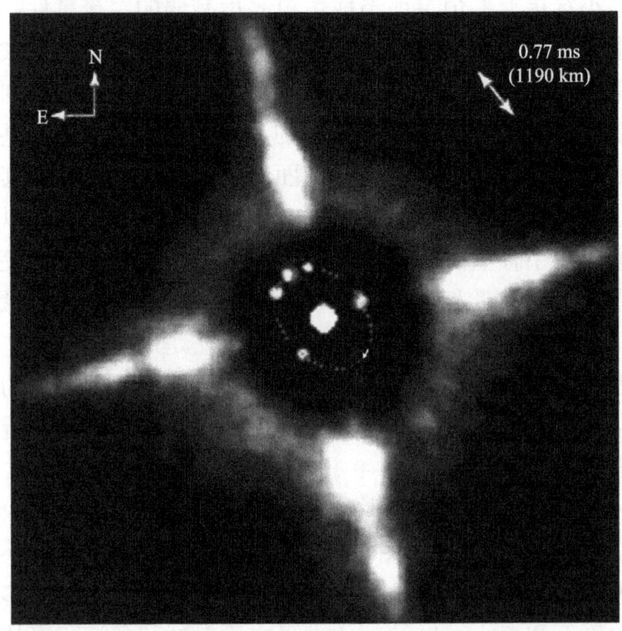

图 6.2 小行星（45）Eugenia（中心）与它的卫星 S/1998（45）1（中央区的多个点）

这是经由“自适应”技术和特殊处理得出的。卫星轨道半径为 1190 公里

在理论上，相对于太阳的引力而言，每个小行星都有其一定的引力范围，在此范围内的物体受小行星的引力为主，而受太阳的引力是次要的，若该物体相对于小行星的速度小于小行星的逃逸速度，该物体就应当是绕小行星转动的卫星。若小行星的质量为 M，半径为 R，则其表面逃逸速度 $V_e=(2GM/R)^{1/2}$，G 是万有引力常数。引力范围近似于半径 R_g 的球，$R_g=(M/3M_\odot)^{1/3}a$，其中，$M_\odot$是太阳质量，a 是小行星的轨道半径。小行星卫星轨道半径的确小于引力范围半径。

有的小行星及其卫星是大小相当的，因而可称为“双小行星”。小行星（90）Antiope 是 R. Luther 在 1866 年 10 月 1 日发现的主带外侧 Themis 族小行星，其轨道半长径为 3.155AU，轨道偏心率 0.1567，轨道倾角 2.22°。2000 年 8 月 10 日，发现它是由两颗几乎同样大的（直径 88 公里和 84 公里）小行星组成的“双小行星”。从自适应光学系统准确地测出轨道，估算出两星各自在相距 171 公里近圆轨道（偏心率 0.006）上绕共同质量中心转动，绕转周期 16.5 小时（如图 6.3）。略大的那颗保留 Antiope 名，而较小的暂时名为 S/2000（90）1，它的两颗小行星是质量相当的，其光谱为C型，而平均密度1.25克/立方厘米，说明孔隙度大(30%)。

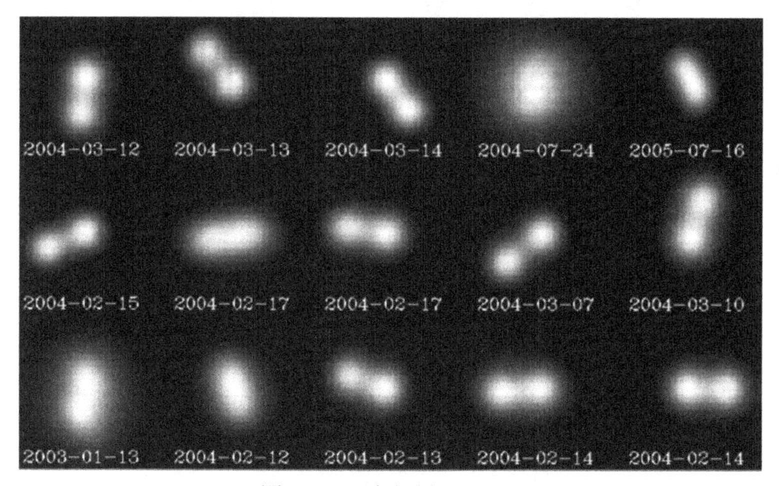

图 6.3 双小行星 Antiope

小行星（617）Patroclus 是 A. Kopff 在 1906 年 10 月 17 日发现的木星特洛伊小行星，其轨道半长径为 5.2174AU，轨道偏心率 0.1385，轨道倾角 22.05°。2001 年，发现它是由两颗大致相当的小行星组成的“双小行星”。2006 年，从自适应光学系统准确地测出轨道，估算出两星各自在相距 680 公里近圆轨道上绕共同质量中心转动，绕转周期 4.28 天。大的那颗（直径 141 公里）保留 Patroclus 名，而较小的（112 公里）暂时名为 S/2001（617）1，现在已正式命名为 Menoetius——（617）Patroclus I Menoetius。因为它们的密度（0.88 克/立方厘米）小于水的密度，约为岩石密度的 1/3，它们的成分更类似于彗星。

2. 小行星的卫星系

（87）Sylvia（西尔维亚） 2005年8月11日，马齐斯（F. Marchis）等公布首次发现小行星（87）Sylvia（西尔维亚）有两颗卫星。该小行星是N. R. Pogson在1866年5月16日发现的主带小行星，以罗马神话的铸工之母Sylvia命名，其轨道半长径为3.49AU，轨道偏心率0.08，轨道倾角10.855°，公转周期6.52年，约385公里× 265公里×230公里大，质量为1.478×10^{19}千克，平均密度为1.2克/立方厘米，自转周期5.1836小时。2001年2月18日，用凯克望远镜发现了它的第一颗卫星。2004年8月9日，用欧洲南方天文台的8米望远镜拍摄到它的第二颗卫星，这两颗卫星以Sylvia的两个儿子罗缪勒斯（Romulus）和拉穆斯（Remus）命名（如图6.4、图6.5）。拍摄的系列像显示这两颗卫星绕小行星西尔维亚转动。

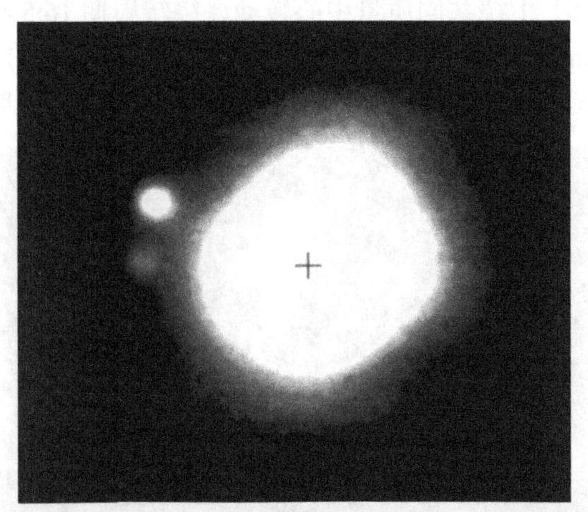

图6.4 小行星（87）Sylvia及其两颗卫星Romulus（左上）和Remus（左下）

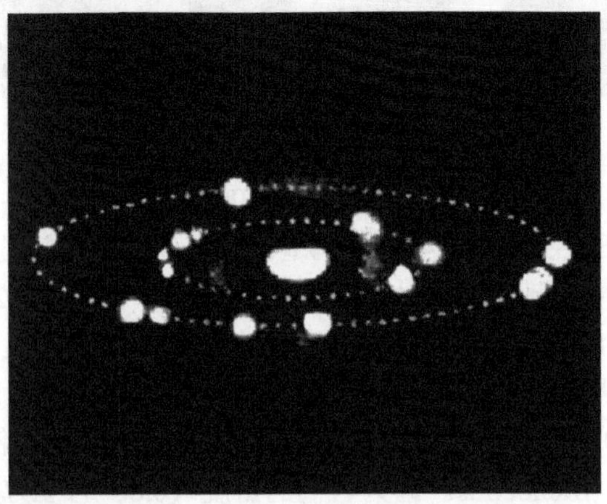

图6.5 拍摄的系列像显示两颗卫星绕小行星西尔维亚转动（轨道由虚线表示）

从观测资料的分析研究得出：小行星（87）西尔维亚是土豆形的，长约 380 公里，平均直径 280 公里。卫星罗缪勒斯约 18 公里大，质量为 9.3×10^{14} 千克，在离西尔维亚平均距离 1347 公里轨道上每 87.6 小时转一圈。卫星拉穆斯约 7 公里大，质量为 7.3×10^{14} 千克，在离西尔维亚平均距离 706.5 公里轨道上每 33 小时转一圈。这两颗卫星的轨道都是近于圆形的，位于西尔维娅小行星的赤道面上，顺向绕转（即跟西尔维亚小行星公转方向相同）。

（45）Eugenia 是第二颗被发现有两颗卫星的小行星。它是天文爱好者 H. Goldschmidt 在 1857 年 6 月 27 日用口径 4 英寸望远镜发现的主带 F 型小行星，其轨道半长径为 2.720AU，轨道偏心率 0.052，轨道倾角 6.610°，公转周期 4.49 年，它约 305 公里×220 公里×145 公里大，质量为 5.69×10^{18} 千克，平均密度为 1.1 克/立方厘米，自转周期 5.699 小时。上一节已讲到，1998 年 11 月，发现它的第一颗卫星（45）Eugenia I Petit-Prince。2004 年 2 月，分析在智利的欧洲南方天文台 8.2 米望远镜所摄图像，发现（45）Eugenia 的第二颗卫星，2007 年 3 月 7 日才宣布这一发现，其暂时名为 S/2004(45)1，估计它的直径为 6 公里，比第一颗 Petit-Prince 更接近 Eugenia，离 Eugenia 约 700 公里，4.7 天绕转一圈。

（216）Kleopatra 是 J. Palisa 在 1880 年 4 月 10 日发现的主带小行星，其轨道半长径为 2.793AU，轨道偏心率 0.252，轨道倾角 13.136°，公转周期 4.67 年，它是约 217 公里×94 公里×81 公里的扁球，质量约 4.64×10^{18} 千克，平均密度为 1.3 克/立方厘米，自转周期 5.385 小时。2008 年 9 月先后发现它的外、内卫星，后分别被命名为 Alexhelios 和 Cleoselene，它们的直径约为 5 公里和 3 公里。

（93）Minerva 是 J. C. Watson 在 1867 年 8 月 24 日发现的主带小行星，其轨道半长径为 2.757AU，轨道偏心率 0.13998，轨道倾角 8.56°，公转周期 4.58 年，它的平均直径约 150 公里，质量约 3.7×10^{18} 千克，平均密度为 1.9 克/立方厘米，自转周期 5.982 小时。2009 年 8 月 16 日发现它有两颗小卫星，它们的直径为 4 公里和 3 公里，离 Minerva 的投影距离为 630 公里和 380 公里，被命名为 Aegis 和 Gorgoneion。

（130）Elektra 是 C. H. F. Peters 在 1873 年 2 月 17 日发现的主带小行星，其轨道半长径为 3.1289AU，轨道偏心率 0.208，轨道倾角 22.846°，公转周期 5.53 年，它是约 215 公里×155 公里的不规则扁球，质量约 6.6×10^{18} 千克，平均密度为 1.3 克/立方厘米，自转周期 5.225 小时。2003 年和 2014 年先后发现它的卫星 S/2003（130）1 和 S/2014（130）1。S/2003（130）1 的直径 7 公里，轨道半径约 1170 公里，绕转周期 5.258 天。S/2014（130）1 直径约 5 公里，轨道半径约 460 公里，绕转周期 1.1 天。

（3749）Balam 是 E. Bowell 在 1982 年 1 月 24 日发现的主带 Flora 族小行星（1982 BG_1），其轨道半长径为 2.2389AU，轨道偏心率 0.10966，轨道倾角 5.3806°，

公转周期 3.35 年，它的直径约 7 公里，质量约 5.09×10^{14} 千克，平均密度为 2.61 克/立方厘米，自转周期 2.805 小时。2002 年 2 月 13 日，发现它的卫星 S/2002(3749) 1，其直径约 1.5 公里，轨道半径约 289 公里，绕转周期约 61 天，轨道偏心率约 0.9。2008 年 3 月，发现 Balam 的另一卫星，是颗较大的（约 3 公里）的内卫星。

除了上述 6 颗主带小行星各有 2 颗卫星外，其他类小行星中也发现有 2 颗卫星的。

近地小行星（136617）1994 CC 是 J. Scotti 在 1994 年 2 月 3 日发现的，其轨道半长径为 1.6978AU，轨道偏心率 0.41695，轨道倾角 4.68°，公转周期 2.10 年，它的直径约 0.7 公里，自转周期 2.3886 小时。2009 年 6 月 10 日，它运行到离地球 252 万公里内，12 日和 14 日，雷达摄像发现它的两颗卫星（如图 6.6 箭头所示），它们的直径至少 50 米，以 Beta 和 Gamma 称之。Beta 的质量约 60 亿千克，轨道半长径 1.7 公里，绕转周期 1.243 天，轨道偏心率 0.002，对小行星的倾角 95°。Gamma 的质量约 10 亿千克，轨道半长径 6.1 公里，绕转周期 8.376 天，轨道偏心率 0.192，对小行星的倾角 79°。

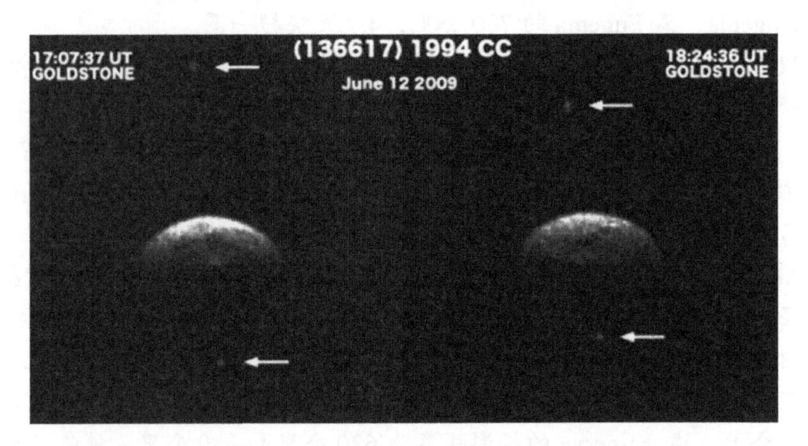

图 6.6　小行星（136617）1994 CC 及其卫星的雷达像（2009 年 6 月 12 日）

近地小行星（153591）2001 SN_{263} 是在 2001 年 9 月 20 日发现的，其轨道半长径为 1.99 AU，轨道偏心率 0.48，轨道倾角 6.7°，它的直径约 2.5 公里，自转周期 3.426 小时。2008 年 2 月，它运行到离地球 0.6558AU 内，雷达摄像发现它的两颗卫星：内卫星（Gamma）直径约 0.43 公里，外卫星（Beta）直径约 0.77 公里。

此外，跟火星轨道交叉的小行星 2577 Litva 也有 2 颗卫星，海王星轨道外也有带 2 颗或多颗卫星的“小行星”。

到 2016 年 5 月，已发现 300 多颗小行星的卫星，其中，主带小行星的卫星 127 颗，近地行星的卫星 61 颗，跟火星轨道交叉的小行星的卫星 22 颗，木星特洛伊小行星的卫星 4 颗，人马怪天体的卫星 2 颗。此外，海王星轨道外的“小行星（包括冥王星等矮行星）”的卫星 88 颗，它们将在后面讲述。可以预料，未来还会发现更多的小行星卫星。

在有卫星的主带小行星中，除了（90）Antiope，卫星通常比所环绕的小行星小得多，双小行星多为小行星族的成员，它们可能是母体小行星受撞击而分裂的碎块。在有卫星的近地小行星中，卫星一般比小行星小 2 到几倍且运行于离小行星半径 3～7 倍的轨道上。由于这些小行星很多都跟内行星轨道交叉，可以认为，在小行星接近行星时，行星的引潮作用或小行星之间碰撞导致小行星分裂出卫星。

七、几颗著名的小行星

经过仔细的观测、尤其飞船的探访和研究，现今已比较清楚地了解一些小行星的性质。下面作为典型代表，介绍几颗小行星的观测研究结果。

1. 灶神星和谷神星

谷神星和灶神星分别是小行星主带最大和第二大的成员。虽然谷神星也是矮行星，但它和灶神星都保留有行星形成和早期演化过程和事件的记录，然而，它们又有差异。

1）灶神星

灶神星的形状近似于三轴长 572.6 公里×557.2 公里×446.4 公里的椭球，哈勃空间望远镜和地面望远镜粗略地拍摄到它表面有不均匀的特征，黎明号飞船近距拍摄到其表面有多样的复杂特征（如图 7.1）。

图 7.1　黎明号所摄灶神星的合成像

显著特征是南半球的雷尔西尔维亚陨击坑及其巨大的中央山峰（下端）、“雪人”坑（上左）和平行的“农神地槽”（右部）

它表面有大量陨击坑。最显著的是南极附近的雷尔西尔维亚（Rhea Silvia）陨击坑（也称为盆地），其直径为 505 公里。坑深约 19 公里，中央峰高出坑底最低部分 23 公里，坑缘最高部分与坑底低点的高度差 31 公里（如图 7.2，彩图 3）。估计该次大陨击开掘了约 1%的灶神星体积，抛出的碎块成为灶神星族的和 V 型的小行星，该坑较年轻（约 10 亿年老），也是 HED 陨石（**H**owardites-古铜钙长无球粒陨石、**E**ucrites-钙长辉长无球粒陨石和 **D**iogenites-奥长古铜无球粒陨石的总称）的原来抛出源。所有已知 V 型小行星总共仅约占抛出体积的 6%，其余的或是被近于 3∶1 共振处的空隙抛出的小碎块，或是被雅可夫斯基效应或辐射压力扰动离去。哈勃望远镜所摄光谱分析表明，该坑穿过外壳层，可能深到幔。该坑中央的大峰高 25 公里，宽 180 公里。

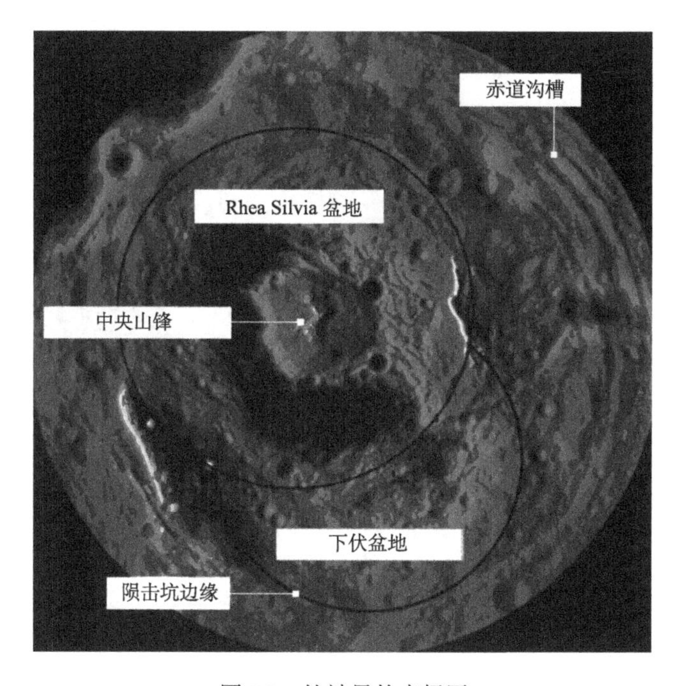

图 7.2　灶神星的南极区

南极区有个直径 395 公里的下伏 Veneneia 盆地，至少有 20 亿年老，被雷尔西尔维亚陨击覆盖和部分地抹去。灶神星南半球有跟 Veneneia 盆地同心的一系列槽谷（troughs），它们可能是陨击所致的大尺度断裂。

灶神星表面还有几个老的、退化的大陨击坑。其赤道区的 Feralia Planitia 平原就是老的退化坑（如图 7.1 中右），直径约 270 公里。直径 158 公里的 Varronilla 坑和 196 公里的 Postumia 坑是更近期的较明锐陨击坑。

灶神星北半球有三个邻近的陨击坑组成的群，因其形貌而称为“雪人坑”，从大到小，它们的正式命名是 Marcia、Calpurnia 和 Minucia（如图 7.3），其中，Marcia 坑最年轻，而 Minucia 坑最老。在黎明号所摄灶神星明暗线附近的严重陨击区域很显著（如图 7.4）。

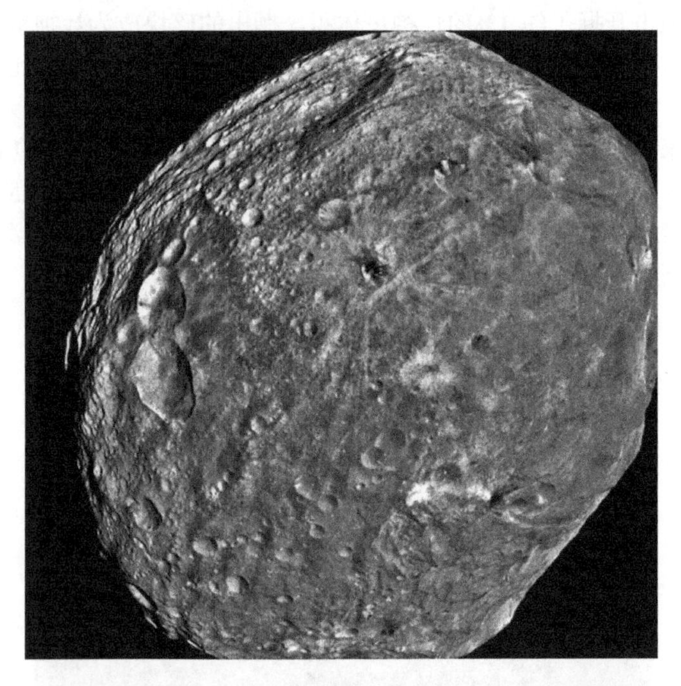

图 7.3 “雪人”陨击坑指三个邻近陨击坑的群（左）和槽谷（左上）

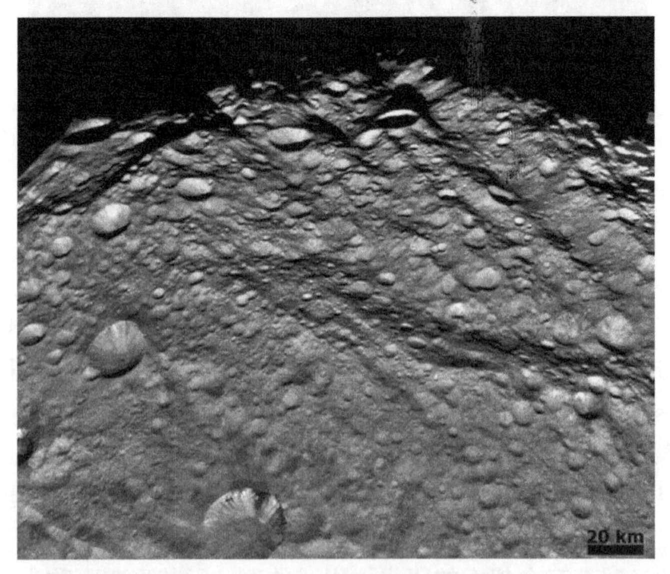

图 7.4 黎明号在 2011 年 8 月 6 日所摄灶神星明暗线附近的严重陨击区域

赤道区大部分被上述一系列同心槽谷“雕刻”（如图 7.5），有平的或弯的底和显著的两侧壁，形如字母 U，是断裂运动分开的标志。最大的是戴瓦丽亚地槽（Divalia Fossa），长 465 公里、宽 10～20 公里、深 5 公里。第二系列是对赤道倾斜北部的“农神地槽（Saturnalia Fossa）”，宽约 40 公里、长约 370 公里。这些地槽的成因曾令人迷惑，合理的解释是：在巨大陨击产生雷尔西尔维亚和 Veneneia 两个大盆地时，强力的陨击波可以导致赤道区的大尺度地堑，成为太阳系最长的大峡谷之列。这样的过程仅发生在类似灶神星的分异天体上。

图 7.5　赤道区沟槽

可见光-红外光谱、伽马射线和中子探测和摄像都表明，灶神星表面成分大多跟 HED 陨石的成分匹配。灶神星表面覆盖浮土。由于其表面受到的很多陨击是低速的，不会使岩石熔融和蒸发，因而灶神星表面没有纳米相铁（nanophase iron）迹象。代替地，浮土的演化由角砾岩化作用与后来的亮、暗成分混合主宰。暗成分是因为落入含碳物质，而亮成分是原玄武质浮土。

有些 HED 陨石可能来自灶神星深部，可提供灶神星的内部结构和地质历史的线索。237442 号小行星 1999 TA_{10} 的红外研究暗示它来自灶神星的内部。结合黎明号飞船的探测资料，可以推算出灶神星的内部结构。它有金属铁-镍的核，直径为 214～226 公里，占总质量的 18%，往其外是橄榄岩石的幔和最外部的岩壳（如图 7.6）。

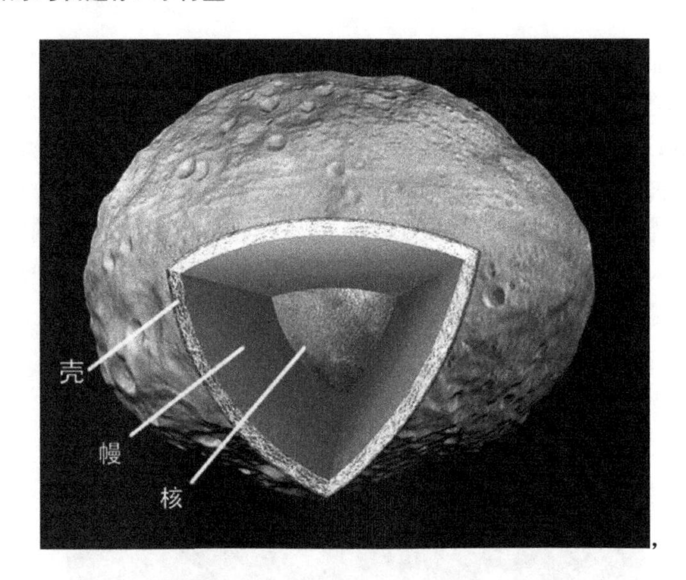

图 7.6 灶神星内部的核、幔、壳结构

灶神星外壳的成分按深度增加依次如下：岩化的表土，是古铜钙长无球粒陨石和角砾化的钙长辉长无球粒陨石之源；玄武质熔岩流，是无堆积的钙长辉长无球粒陨石的一种源；辉石、易变辉石和斜长石组成的深成岩，是堆积的钙长辉长无球粒陨石之源；富集斜方辉石大颗粒的深成岩，是奥长古铜无球粒陨石之源。

基于大陨击期间从灶神星外壳抛出的V型小行星大小和雷尔西尔维亚陨击坑的深度，估计灶神星外壳的厚度大约 10 公里。撞击导致灶神星自转速度改变以及大槽谷的形成，致使大峡谷（Grand Canyon，长 465 公里、宽 22 公里、深 5 公里）“矮化”。

从陨石的分析研究得出，太阳系的最早固态物质——碳质陨石的富钙铝包裹体（CAIs）形成于 45.67 亿年前，通常把它作为太阳系行星体吸积形成过程开始的时间基准点。由此算起，灶神星形成演化史的时序如下：200～300 万年，灶神星完成吸积；400～500 万年，由于 ^{26}Al 放射性衰变能量造成完全或几乎完全熔融，导致分离出金属核；600～700 万年，对流的熔融幔连续结晶，到约 80%物质结晶时，对流停止；余下的熔融物质或作为连续喷发的玄武岩流，或可能短寿的岩浆海，冷凝为外壳；外壳的较深层结晶而形成深成岩，由于较新表层的压力，较老的玄武岩变质；内部缓慢冷却。

2）谷神星

谷神星是小行星主带的最大天体，平均直径 946 公里。在哈勃空间望远镜和地面望远镜拍摄的谷神星像上，粗略地看到其表面有不均匀的特征，有陨击坑和小亮斑。黎明号飞船拍摄到高分辨的清晰图像（如图 7.7）。

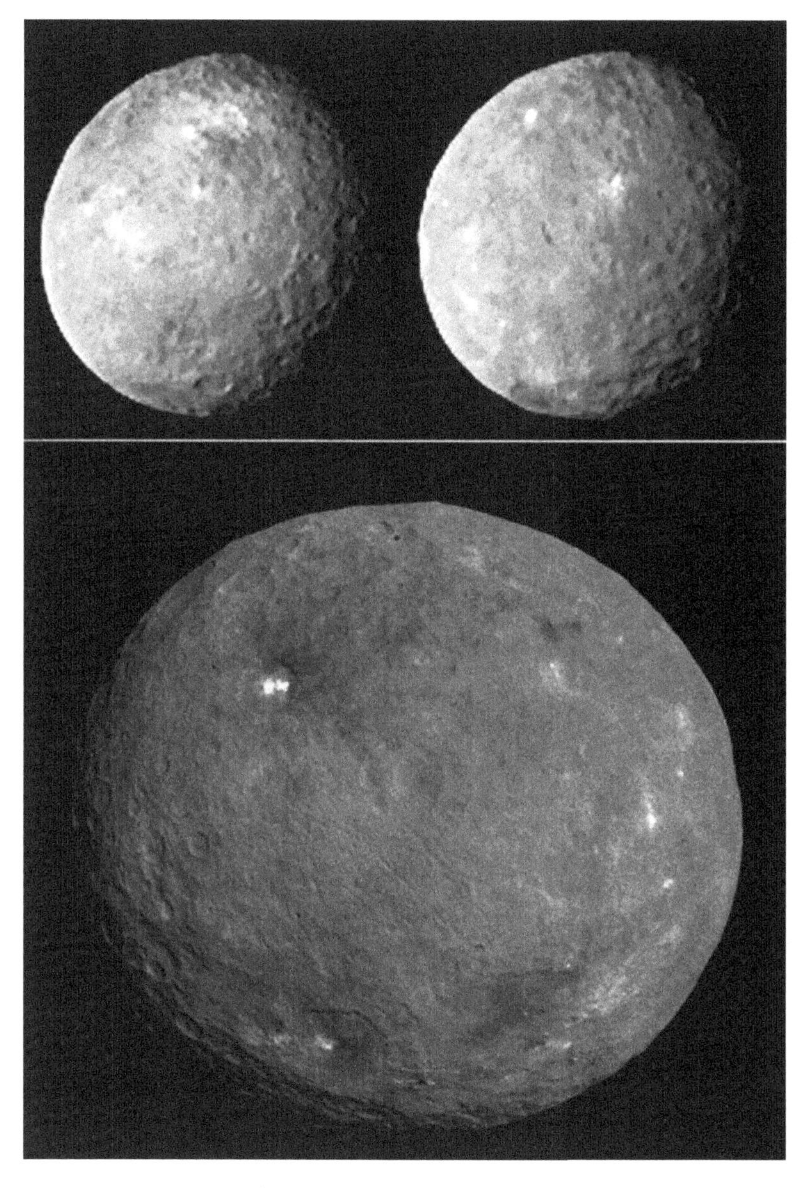

图 7.7 谷神星近照（2015 年）

上：2 月 12 日距离 84000 公里；下：5 月 6 日距离 13600 公里

由这些观测资料，绘制出谷神星的表面特征图像（如图 7.8），并给予一些重要特征命名。其表面有外貌范围广的陨击坑，很多坑较浅，表明它们处于较软的——可能是水冰的表层上面。Kerwan 坑直径 283.88 公里，也很浅，比周围老，缺少中央峰——可能是被其中央的 15 公里陨击坑破坏了。

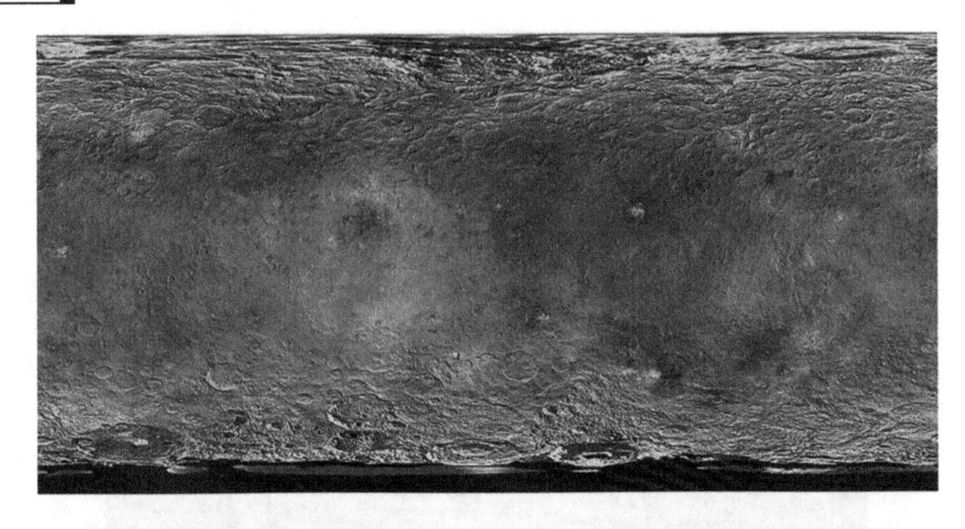

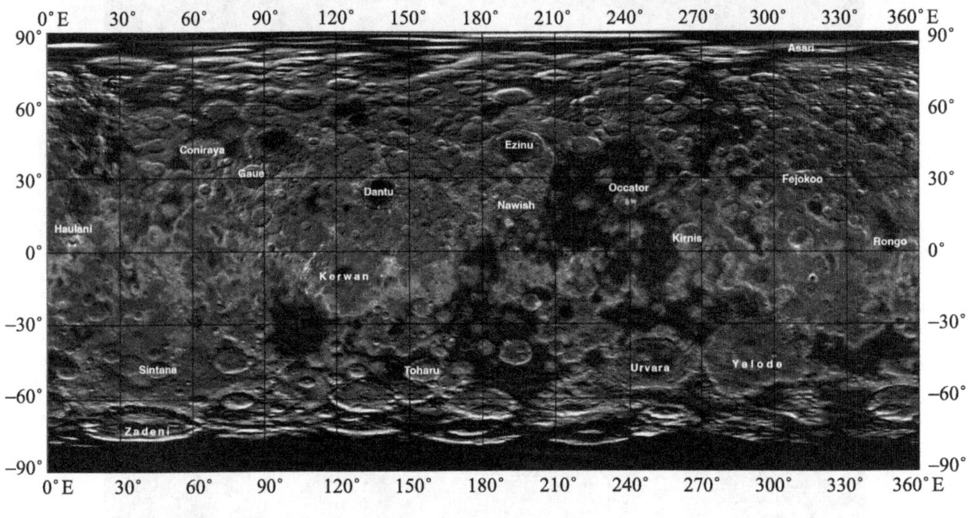

图 7.8　谷神星的表面特征（2015 年 9 月）

黎明号飞船在 2015 年拍摄到谷神星表面几个亮的特征——亮斑（bright spots），最亮的 5 号亮斑在 80 公里的 Occator 陨击坑内（如图 7.9）。更高分辨图像显示，有的亮斑是多个小亮斑群的亮区，反照率约 40%。已发现 150 个亮区，被认为是盐或富氨黏土。2015 年 12 月 9 日，有科学家提出，亮斑可能是一种盐（极可能是 $MgSO_4 \cdot 6H_2O$）的水溶液；也有认为是碳酸钠的，也发现跟富氨黏土相关的斑。

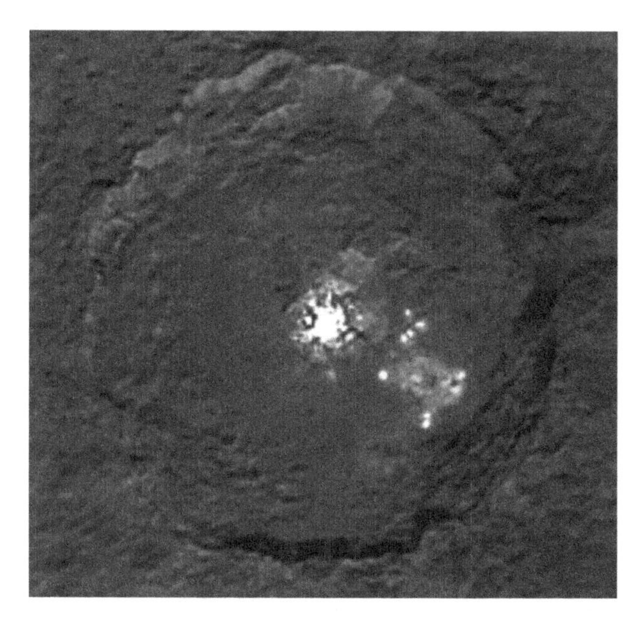

图 7.9 亮斑 5（飞船距离 1450 公里摄）

奇怪的是，谷神星表面较平坦的严重陨击区域存在金字塔形大山脉（Ahuna Mons，如图 7.10），其高度约 6 公里，底部约 15 公里宽。它跟亮斑没有关系，还不知道它的性质：它不是陨击特征，似乎是谷神星仅有的“奇怪”特征，有从坡顶到底部的一些亮流——可能是来自内部冰火山活动（类似亮斑）的盐或巨大盐穹。另两个著名的山脉是 Liberalia Mons 和 Ysolo Mons，它们的直径约 90 公里和 17 公里，后者位于北极附近。

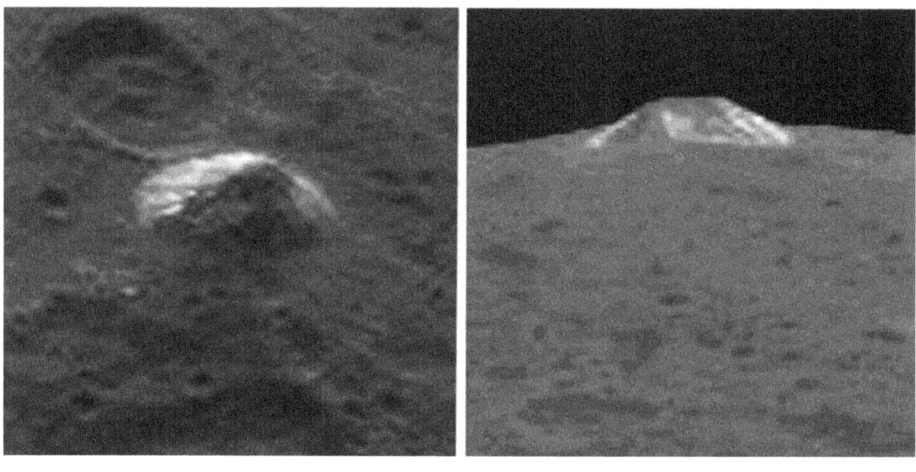

图 7.10 金字塔形山脉

左：2015 年 6 月 6 日；右：2015 年 6 月 14 日

谷神星有很多长、直或略弯曲的峡谷，它们可能是几种不同机制形成的。有些可能是谷神星形成所聚集的热能和其他能量逐渐辐射到太空，其外壳变冷收缩，应力断裂所致。另些可能是受陨击而产生的。

谷神星的表面成分相似于 C 型小行星，但也存在某些差别。它的红外光谱显示出含水矿物的普遍特征，表明其内部存在显著数量的水。其他的可能成分包括富铁的黏土矿物（绿锥石）和碳质球粒陨石的普通矿物——碳酸盐矿物（白云石和菱铁矿）。而其他 C 型小行星的光谱通常没有黏土矿物和碳酸盐矿物。有时也把谷神星归类为 G 型小行星。谷神星表面较暖，太阳光直射区温度可达 235 K，冰在此温度是不稳定的，冰升华留下的物质可以解释其（不同于冰卫星）暗的表面。

有迹象表明，谷神星可能有稀疏的水蒸气大气，这是其表面的水冰蒸发出来的。其表面的水冰不稳定，若直接暴露在太阳辐射下就会升华。水冰可以从深层迁移到表面，且在很短时间内逃逸。所以，水蒸气很难检测，但可以探测到从谷神星的新鲜陨击坑周围或表层下的裂缝出来的逃逸水。国际紫外探测器（IUE）观测到谷神星北极附近有相当数量的氢氧根离子，它们是被太阳紫外辐射离解水汽而产生的。

2014 年初，由赫歇尔空间天文台的谷神星观测资料，发现几个直径 60 公里以下的中纬水汽源，各放出约 10^{26} 分子（或 3 千克）/秒的水。凯克天文台观测到 Piazzi（123° E,21° N）和 A 区（231° E,23° N）的两个近红外暗区是潜在源。水汽释放的可能机制是表面暴露冰升华，或内部放射热量，或因上覆冰层增长而使下面海洋增压而造成的“冰火山”喷发。当谷神星轨道运动到离太阳更远时，其表面冰的升华会减少，而内部动力排放不应受到其所在轨道位置的影响。有限的数据显示其更符合彗星式的升华。

由谷神星的观测资料和行星内部结构理论，可以建立它的内部结构模型（如图 7.11）。谷神星的扁率符合分异天体，在中心岩石核上面覆盖着水冰层——冰幔，冰幔上面是薄的多尘外壳。冰幔的厚度为 100 公里，占其质量的 23%～28%、占其体积的 50%，含多达 2 亿立方公里的水冰，比地球上的淡水数量还多。该模型得到凯克望远镜所作观测和演化模型的支持；且可通过模型了解其表面和历史的一些特性，例如，它离太阳较远，太阳辐射较弱，在其形成期间足以允许结合冻结点相当低的一些成分，因而，其内部存在易挥发物质。冰尘下面可以存在一层残余的液态水。

谷神星的形状和大小也可归因于其多孔和部分分异或完全未分异的内部特征。在冰上面存在一个岩层就会使引力不稳定。如果任何岩石沉积物陷入一个分异的冰层，就会形成盐沉积。但谷神星并没有发现这种沉积。因此，谷神星可能不包含一个大冰壳，而是由水合物组成的低密度小行星。同时，放射性同位素的衰变可能没有产生足够的热量来造成分异。

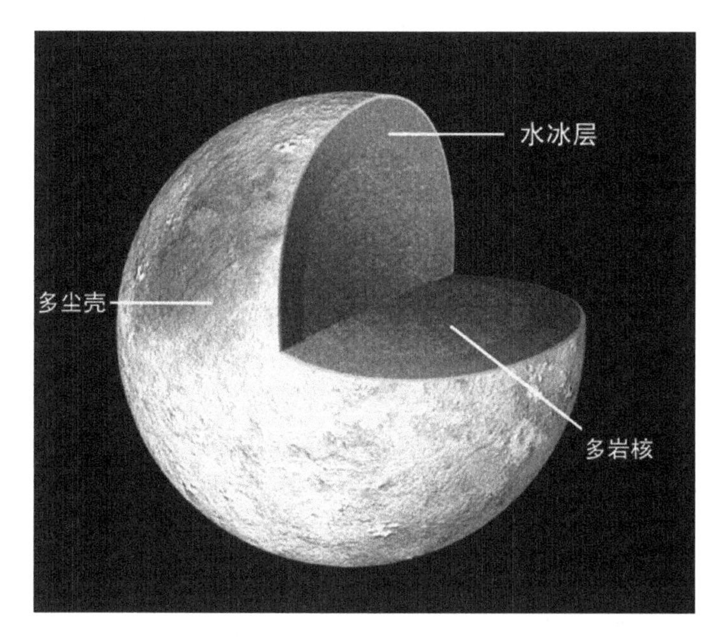

图 7.11 谷神星的内部结构

现今，谷神星似乎没有地质活动，仅受陨击“雕刻”表面。谷神星存在的大量水冰表明，或许其内部存在一层液态水“海洋”。如果溶质（盐）、氨、硫酸或其他防冻化合物溶解在水中，就更可能存在类似地球上的“海洋”。

2. 爱神星、玛蒂尔德、加斯普拉、艾达及其卫星

1）爱神星

（433）Eros（爱神星）自 1898 年 8 月 13 日被发现以来，一直备受关注。它的轨道半长径为 1.458AU，公转周期为 1.76 年，轨道偏心率 0.223，轨道对黄道面倾角 10.829°，自转周期为 4 小时 16 分钟。它是第一颗被发现进入火星轨道之内的小行星。在 1900～1901 年它离地球最近时，世界各天文台曾联合观测它的公转轨道运动规律，来推算“AU”的准确公里数值；1930～1931 年再次进行联合观测，直到 1968 年跟雷达和动力学方法结合使用才确定了现在采用的“AU”的准确公里数值。推算它在 2012 年 1 月 31 日最接近地球到距离 0.1790AU。

“近地小行星交会（NEAR）”飞船在 2000～2001 年环绕爱神星进行了仔细探测。它近于三轴长 13、13、33 公里的山芋形，质量 7.2×10^{15} 千克，平均密度（2.4 克/立方厘米）大致跟地壳相当。它的几何反照率为 0.16，是 S（石质）类

小行星。它表面的昼夜温度变化范围为100～－150℃。它的表面呈淡褐色，陨击严重（因而很古老），一侧有个很锐隆起边缘的大（9 公里）陨击坑，另侧有个大鞍状凹陷（可能也是陨击的），到处可见10～20米的石块及尘土，还有沟以及其他复杂特征，但小陨击坑却不像一般预料的那么密集，或许10年前遭受过一次大陨击，从这个陨击坑抛射的较大岩石以及碎屑流飞落到其大部分表面，使得它40%的表面见不到小于 0.5 公里的陨击坑（如图 7.12）。原来以为抛出的碎屑填充了较小的陨击坑，但分析其表面的陨击坑密度表明，这次大陨击点9公里范围是坑密度较小区域，在另一半球的对趾区9公里范围也是坑密度较小，这可能是由于大陨击的震波经过而毁坏了较小陨击坑，导致其表面陨击坑的奇特分布。X射线谱仪探测到它的元素成分有镁、铁、硅，可能还有铝和钙，说明爱神星是原始的，没有发生过熔融分异为核、幔、壳结构，但受太阳风和陨击作用而发生了“空间风化”。安全降落到爱神星表面的 NEAR 磁力计没有探测出预想的磁场，而作为小行星碎块的陨石却有残余磁场，这就成为一个“磁场之谜”。一般认为，爱神星可能是普通球粒陨石的母体之一，但还不能够给出肯定的或否定的结论。

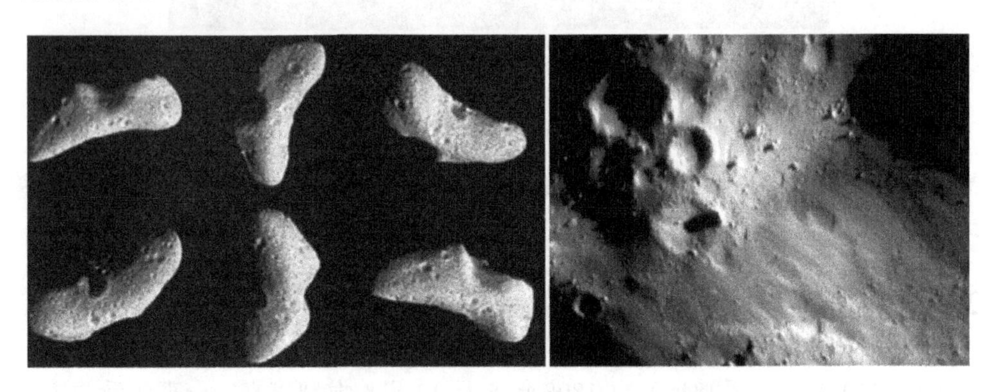

图 7.12 爱神星的不同侧面像（左）及其局部高分辨像（右）

2）小行星玛蒂尔德

小行星玛蒂尔德——（253）Mathilde（如图 7.13）是 1885 年 11 月 12 日发现的，它的轨道半长径为1.94AU，公转周期为4.31年，轨道偏心率为0.266，轨道对黄道面倾角 6.71°。它很反常，自转周期长达 417.36 小时；它的表面很暗，反照率仅 3%，是富碳的 C 类小行星。以前人们对它了解甚少，直到 1997 年 6 月 27 日，“近地小行星交会（NEAR）”飞船从最近距离1800公里飞越，25分钟拍摄了它的500多幅像。它的质量约 1×10^{17} 千克，平均直径为61公里，形状很不规则，表面有很多从直径小于0.5公里到30公里的陨击坑。大陨击坑的隆起坑缘说明抛射的物质飞得不远就落回表面，某些坑缘有很直的剖面，表明断裂或断层影响坑的形成：它的平均密度甚至小于水，说明其内部有很多空隙，消耗了陨击的能量，因而陨击抛出物不会落到很远。

图 7.13 （253）Mathilde

左侧是近于背太阳侧，仅几个脊显见；右侧是太阳照射侧

3）小行星加斯普拉

小行星加斯普拉——（951）Gaspra（如图 7.14）是 1916 年发现的。它的轨道半长径为 1.82AU，公转周期为 3.28 年，轨道偏心率为 0.173，轨道对黄道面倾角 4.10°，自转周期 7.04 小时。它是 S 类小行星，过去大家没有很注意它，直到 1991 年 10 月 29 日，伽利略飞船在飞往木星的途中从最近距离 16000 公里飞越它，成为飞船探测的第一颗小行星。它的质量约 10^{16} 千克，平均直径为 19 公里，形状不规则（三轴直径 20 公里×12 公里×11 公里）。其反照率为 0.2，是 S 类小行星，Flora 族成员。它表面有很多（600 以上）小陨击坑，但缺乏大的陨击坑，还有类似沟的线形特征（宽 100～300 米，深几十米）、弯曲凹陷和脊，说明表面较年轻（3 亿～5 亿年），或许它本身就是大母体撞出来的碎块。

4）小行星艾达及其卫星

小行星艾达——（243）Ida（如图 7.15）是 1884 年 9 月 29 日发现的，它的轨道半长径为 2.861AU，公转周期为 4.84 年，轨道偏心率为 0.046，轨道对黄道面倾角 1.138°，自转周期为 4 小时 39 分钟。1993 年 8 月 28 日，伽利略飞船从

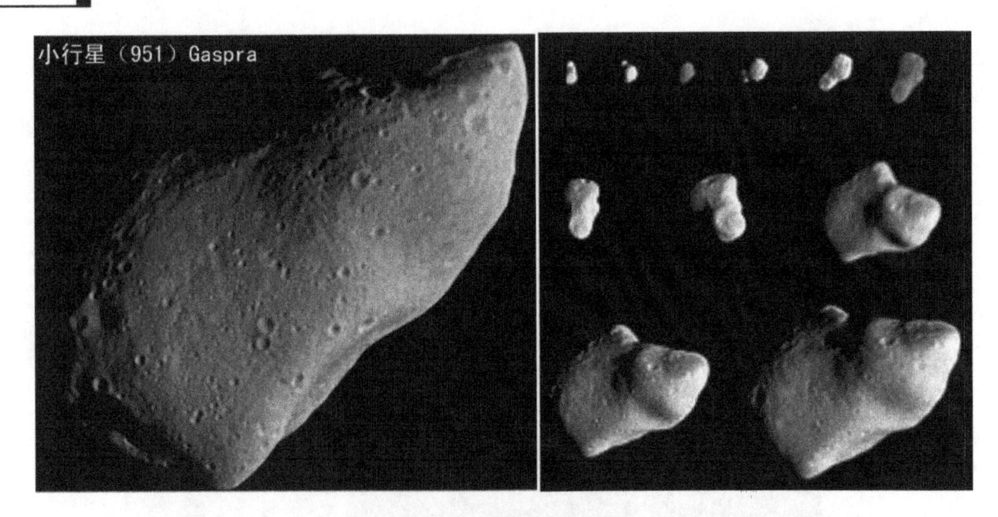

图 7.14 （951）Gaspra

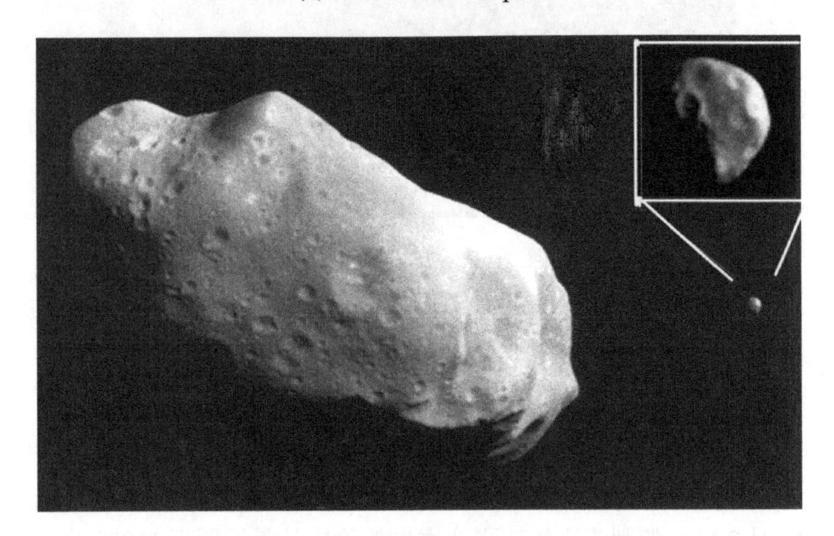

图 7.15 （243）Ida（左）及其卫星（右）

最近距离 2400 公里飞越它，成为飞船探测的第二颗小行星，由此它的真实面貌被揭示出来。它的质量约 4.2×10^{16} 千克，平均直径为 52 公里，形状不规则（基于自转的三轴直径 53.6 公里×24.0 公里×15.2 公里，可更好地拟合为 60.0 公里×25.2 公里×18.6 公里的椭球），平均密度 2.6±0.5 克 / 立方厘米。它是 S 类小行星，Koronis 族成员，它表面有严重的陨击迹象且是不均匀的，各区域的成分有差别，说明表面至少 10 亿年老，或许它本身就是大母体（200～300 公里）撞出来的碎块。

伽利略飞船还拍摄到它的卫星，实际上是 1994 年 2 月处理资料才发现的，然后正式命名为（243）Ida I Dactyl，形状不规则，大小约 1.6 公里×1.4 公里×1.2 公里，其表面有 10 多个直径大于 80 米的陨击坑。Dactyl 的性质或多或少跟 Ida 类似，属 S 类。Dactyl 离 Ida 中心约 100 公里。

3. 小行星系川和飞船顺访的其他小行星

1）小行星系川

小行星系川——（25143）Itokawa（如图 7.16）即 1998 SF_{36}，是 1998 年 9 月 26 日发现的阿波罗型 S 类小行星，2000 年被选为日本的“隼鸟（Hayabuse）”飞船探测对象，并正式以日本宇航之父“系川（Itokawa）”命名。它的轨道半长径为 1.324 AU，公转周期为 1.52 年，轨道偏心率为 0.280，轨道对黄道面倾角 1.622°，自转周期为 12.132 小时，反照率 0.53。雷达探测显示，其形状是不规则条形。2005 年，“隼鸟”飞船进行了包括摄像等多项探测，结果表明其可能由两或多个小天体结合而成，它的三轴直径为 535 米×294 米×209 米，质量 3.58×10^{10} 千克，密度 1.95 克/立方厘米，这都跟土星的冰卫星相当，或者其内部有孔隙。

飞船拍摄的图像表明，它表面有粗糙的和平坦的地貌，缺少陨击坑（形态不清），但表面满布从细尘到碎石片、再到 50 米的大石块，这意味着它不是单块岩体，而是由碎石在长时间胶合的石堆，或者说，它是怪异的“石堆小行星”。它表面的主要地质特征已得到正式命名。平坦区域——“沙海（Muses Sea，Sagamihara）”对应于低重力区，说明陨击震动造成块体运动和有效改造表面的过程。红外线和 X 射线谱仪的结果表明，系川小行星具有球粒陨石的成分。

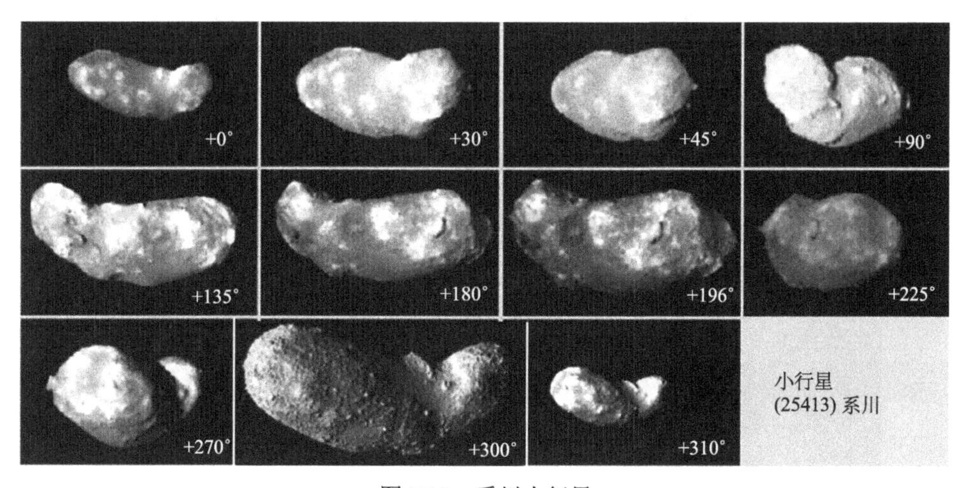

图 7.16　系川小行星

2）飞船顺访的其他小行星

小行星（9969）Braille（1992 KD）（如图 7.17）是 1992 年 5 月 27 日发现的，它的轨道半长径为 2.345 AU，公转周期为 3.59 年，轨道对黄道面倾角为 28.895°，轨道偏心率为 0.431，近日距 1.33AU，远日距 3.356AU。1999 年 7 月 29 日，深空 1 号飞船从离小行星 Braille 表面约 26 公里飞越，测得其形状为 2.2 公里×1 公里×1 公里的哑铃状，光谱数据显示其成分类似于（4）灶神星，推测它是从灶神星陨击出来的。

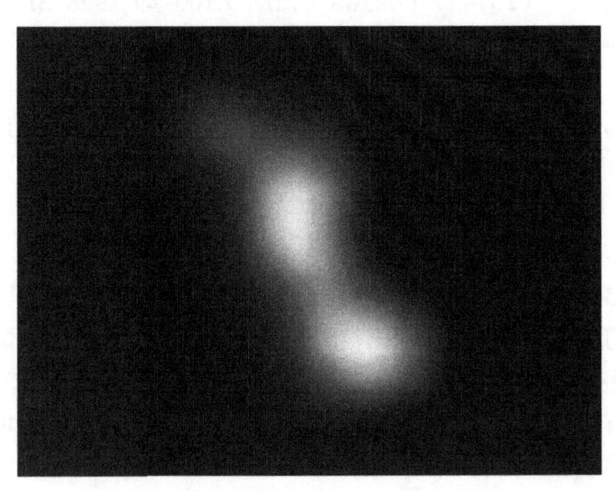

图 7.17　小行星 Braille

小行星（5535）Annefrank（如图 7.18）是 1942 年发现的内主带 Augusta 族小行星，它的轨道半长径为 2.213 AU，公转周期为 3.29 年，轨道对黄道面倾角为

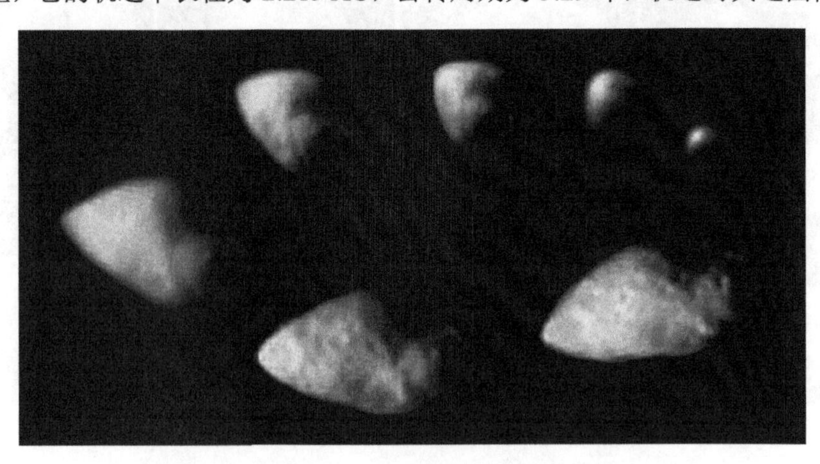

图 7.18　“星尘”飞船拍摄的小行星 Annefrank

4.25°，轨道偏心率为 0.063。“星尘”号飞船在 2002 年 11 月 2 日从离它 3079 公里飞越，探测出它的形状不规则，三轴直径 6.6 公里×5.0 公里×3.4 公里（比预想的大），短轴垂直于轨道面，反照率为 0.24，表面不均匀，有陨击坑，边界表面形态表明其可能为母体断裂时形成。

小行星（2685）Masursky 是 1981 年 5 月 3 日发现的主带 Eunomia 族（S 类）小行星，其轨道半长径为 2.568AU，公转周期 4.12 年，轨道偏心率为 0.111，轨道倾角 12.132°。卡西尼飞船在飞往土星的途中，偶然拍摄到这颗远在 160 万公里的 Masursky（如图 7.19），仅大致看出其形状不规则，大小为 15～20 公里，质量约 0.5×10^{16}～1.1×10^{16} 千克，密度约 2.7 克/立方厘米，几何反照率 0.06～0.11。

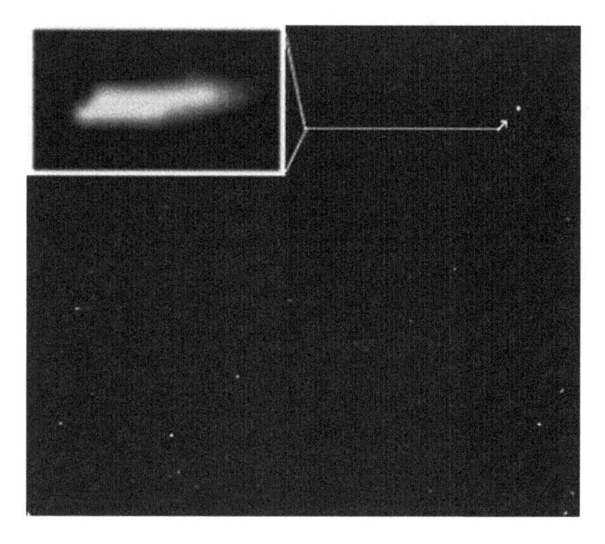

图 7.19　卡西尼飞船拍摄星场恰有小行星（2685）Masursky，左上是其放大

小行星图塔蒂斯——（4179）Toutatis 最早发现于 1934 年 2 月 10 日（1934 CT），但很快看不到了，直到 1989 年 1 月 4 日才再次发现（1989 AC），并以北欧凯尔特神话中的战神图塔蒂斯命名。它是颗阿波罗型小行星，其轨道半长径 2.531AU，轨道偏心率 0.630，轨道倾角 0.445°，公转周期 1.03 年。它多次接近地球，2004 年 9 月 28 日最近到 0.006AU，仅为地月距离的 2.3 倍，雷达图像显示它的形状很不规则。嫦娥二号探月卫星完成探月任务后，于 2012 年 12 月 15 日离地球 700 万公里远时近距飞越它，拍摄到它的高清晰图像（如图 7.20）。它外形古怪如多瘤花生或有头-颈-体的玩偶，长 4.46 公里，宽 2.4 公里，它像陀螺那样绕着自己形状的最长轴以 5.41 天的周期自转，同时其长轴以 7.35 天的周期进动。

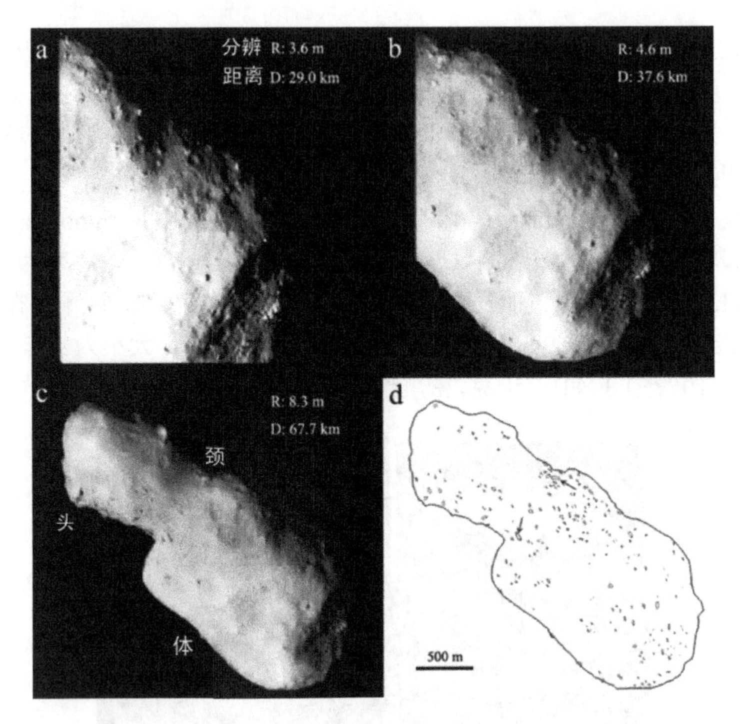

图 7.20 （4179）Toutatis

4. 婚神星和智神星

除了谷神星和灶神星，小行星主带另两大成员是（2）智神星和（3）婚神星。

（2）智神星（Pallas）是奥伯斯在 1802 年 3 月 28 日发现的，成为第二颗小行星。它的轨道半长径 2.773AU，公转周期 4.62 年，轨道偏心率 0.231，轨道对黄道倾为 34.841°。它的自转周期为 7.813 小时，自转轴倾角为 57°或 65°。它的质量为 2.2×10^{20} 千克，形状不规则，三轴长为 570 公里×525 公里×500 公里，平均密度为 2.8 克 / 立方厘米，其几何反照率为 0.159，光谱特征类似于 Renazzo 碳质球粒陨石（CR）。至今尚没有望远镜观测到其表面细节。

婚神星是 1804 年 9 月 1 日发现的，成为第三颗小行星，而且以罗马神话中的天后——婚神朱诺（Juno）之名命名。它的轨道半长径 2.668 AU，公转周期 4.36 年，轨道偏心率为 0.2583，轨道对黄道倾角为 12.971°，是 Juno 族小行星的最大成员。它是逆向自转的，自转周期为 7.2 小时，自转轴对轨道面倾角为 51°。它的质量为 3.0×10^{19} 千克，其形状很不规则，三轴长为 290 公里×240 公里×190 公里，平均密度 3.4 克 / 立方厘米，是第二大的 S 类小行星，其几何反照率（0.238）是 S 类中最高的，表明可能有不同的表面性质。威尔逊山天文台的自适应光学望远镜已拍摄到它表面的一些情况（如图 7.21），各区域亮暗不一、高低起伏，在暗区有个约 100 公里的大陨击坑或者是被 100 公里抛射碎屑覆盖的小陨击坑。它的光谱特性说明，它可能是普通球粒陨石的源体。婚神星的轨道在 1839 年左右略变了一下，这可能是被相当大的小行星撞击了、或者从近旁经过而受摄动所致。

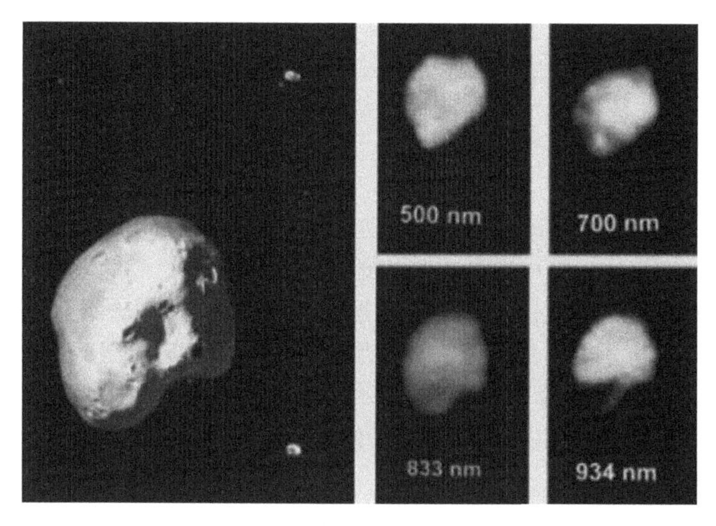

图 7.21　地面（自适应）望远镜拍摄的婚神星及其 4 波段单色像

八、近地小行星及其撞击地球的影响

可以运行到地球附近的天体称为“近地天体（near earth objects，简写为NEO）”，其中潜藏着撞击地球危险的称为“潜危天体（PHO）”。实际上，地球自诞生以来就不断地受到这些天体的陨击。虽然现阶段的陨击大多是小规模的，危害不大，然而，一旦发生较大的撞击，就会造成比大地震还严重得多的危害。1994 年的彗星撞击木星事件轰动世界，启迪人们更加关注地球被撞击的危险问题。2010 年初，美国科学院公布《保卫地球：近地天体巡天和缓解危险策略最终报告》。

近地天体包括近地小行星（NEA）和近地彗星（NEC）。到 2016 年 4 月 6 日，已发现 15727 颗近地天体（NEO），15621 颗是近地小行星（NEA），106 颗是近地彗星（NEC），其中 1688 颗是“潜危的小行星（PHA）”。

1. 近地小行星的发现和分型

早在 1898 年，（433）爱神星就已被发现，它的轨道穿过火星轨道，近日距为 1.13AU。1932 年 1 月，它运行到最近地球距离 0.17AU（约 2500 万公里），成为首先被发现的近地小行星，多年来备受青睐。

1932 年，（1221）Amor（阿莫尔）先被发现，它的轨道不仅穿过火星轨道，且近日距小到 1.08AU；随后两个月，（1862）Apollo（阿波罗）被发现，它的轨道不仅穿过火星轨道，也穿过地球轨道，同年 5 月 15 日离地球近达 1140 万公里。此后，相继发现很多近地小行星，特别是潜危小行星（PHA）。例如，2010 年 9 月 8 日，两颗小行星分别于美国东部清晨和下午跟地球“擦肩而过”：第一颗是 2010 RX_{30}，直径 10～20 米，距地球最近时约 25 万公里；第二颗是 2010 RF_{12}，直径 6～14 米，距地球最近时约 8 万公里。2011 年 11 月 8 日，小行星 2005 YU_{55} 以最近距离 32.5 万公里飞越地球，这比月球-地球距离还近。

基于轨道特征，近地小行星有如下三型（如图 8.1）。

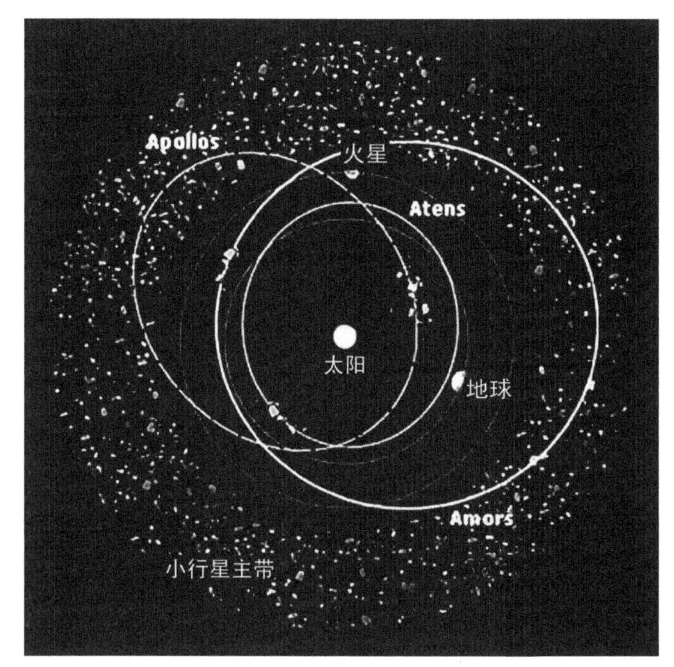

图 8.1 三型近地小行星的轨道

◆ 阿莫尔型小行星

小行星（1221）Amor（阿莫尔）的轨道半长径为 1.92AU，近日距为 1.08AU，离地球最近可到 0.1AU。轨道近日距在 1.017～1.3AU 范围的小行星称为"阿莫尔型小行星"，已发现 4892 颗，最著名的是 433 Eros（爱神星）。它们从外侧接近地球轨道，但轨道未交叉。它们大多轨道是跟火星轨道交叉的，火星的两颗卫星原来可能是此型小行星，后被火星引力俘获为卫星。平均 10 亿年有一颗此型小行星撞击地球。

◆ 阿波罗型小行星

小行星（1862）Apollo（阿波罗）的轨道半长径为 1.47AU，近日距为 0.65AU，可进入金星轨道之内。（1566）Icarus（依卡鲁斯）的近日距为 0.1869AU，可进入水星轨道之内。轨道半长径≥1.0AU、近日距≤1.07AU 的小行星称为"阿波罗型小行星"，已发现 6904 颗，平均 10 亿年有三颗撞击地球。

◆ 阿坦型小行星

小行星（2062）Aten（阿坦）是 1976 年发现的，它的轨道跟地球轨道相近，轨道半长径为 0.9665AU，近日距为 0.79AU，远日距为 1.14AU，公转周期为 347 天，离地球最近到 0.0099AU。轨道半长径<1.0AU、远日距≥0.893AU 的小行星称为"阿坦型小行星"，已发现 934 颗。由于行星的引力摄动，此型小行星的轨道可变为跟地球轨道交叉，从而可能撞击地球，平均 1 亿年有一颗撞击地球。

此外，还把阿坦型小行星中那些轨道远日距在地球轨道近日距以内、即轨道完全在地球轨道内的称为Apohele Asteroid——阿波希利型小行星，也称为“地内小行星”，但“Apohele”这个名字尚在争议中，因为至今尚没有任何小行星被命名为“Apohele”。在夏威夷语里，“Apohele”是轨道的意思。此型的有（163693）Atira、（164294）2004 XZ_{130}、 2004 JG_6、2005 TG_{45}和2006 WE_4等。

鉴于近地天体对地球的威胁，近30多年来先后开展了多个搜寻和探测近地天体的计划，如PACS（帕洛玛小行星和彗星搜寻）、欧洲NEO搜寻、EUNEASO（追踪和物理观测计划）、Spacewatch（空间监测计划）、LINEAR（林肯近地小行星巡查）、NEAT（近地小行星追踪）、LONEOS（洛厄尔天文台近地天体搜寻）、CSS（Catalina巡天）、TASS（爱好者巡天）等。此外，NASA在2009年12月发送NEO2 WISE（近地天体大视场红外巡天探测器）飞船，加拿大发送NEOSSat（近地天体监测卫星），德国发送小行星探测器卫星。1991年8月国际天文学联合会（IAU）大会设立了近地小天体工作组（WGNEO），协调全球近地小天体的搜索监视和研究。美国国会授权宇航局（NASA）两项探测NEO的任务：一是到2008年探测直径1公里以上NEO的80%；二是到2020年探测直径140米以上NEO的90%。实际上，这些搜寻和探测工作更着重于潜危天体（PHO）。国际天文学联合会（IAU）小行星中心负责汇集世界的小行星和彗星的观测资料，计算轨道，并在*Minor Planet Circular*（《小行星通告》）发布它们的信息。近地天体探测的程度主要取决于它们的大小、反照率、离地球的距离以及相对于太阳的位置。基于NEO轨道分布，用动力学模型来确定NEO的主要源区，结果得出，大多数公里大小的NEO来自小行星带的内区和中区，小部分（小于20%）来自小行星带外区，而近地彗星来自太阳系的外部区域，NEO中约有20%是轨道可以经过离地球0.05AU内而成为“潜危天体（PHO）”。

从已知的NEO性质可估出，直径大于1公里的NEO约1000颗，现在已观测到其中的85%。图8.2为已发现的近地小行星数目。虽然很多小的NEO还有待

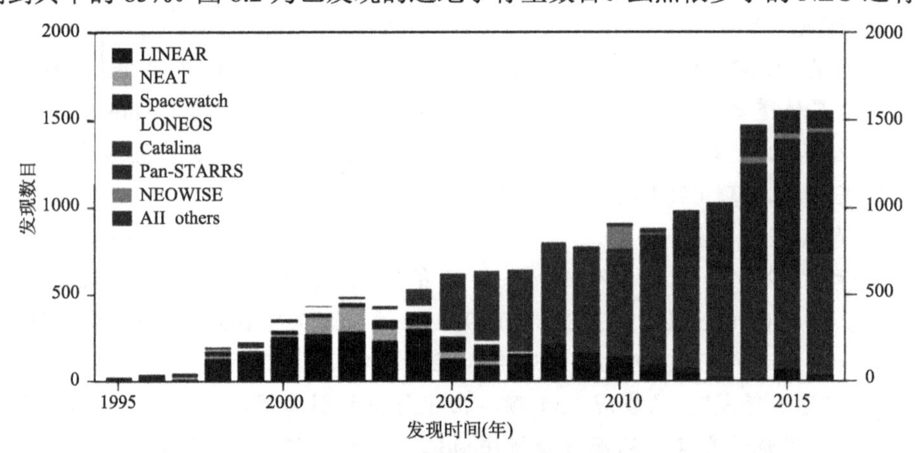

图8.2 已发现的近地小行星数目

发现，从已知的和较合理的推测，NEO 的大小分布模型可用大于直径 D（单位：公里）的 NEO 累计数目 N 表述，N=942D−2.357。大多 NEO 的直径很难直接测定，常由观测其亮度得到的绝对星等结合假定的反照率来估算，或者用绝对星等代表直径来图示 NEO 的大小分布（如图 8.3），其中 100 米到 1 公里的“下凹”跟月球和火星的小而新的陨击坑数目符合。图 8.3 给出亮于绝对星等 H（相应直径如图）的 NEO 累计数目。尽管搜寻近地天体已取得丰硕成果，但仍有不少近地天体还未观测到，因此需要提高搜寻能力，加快研制和发送太空望远镜，继续搜寻未知的，尤其是突然来的、可能就要撞击地球的潜危天体。

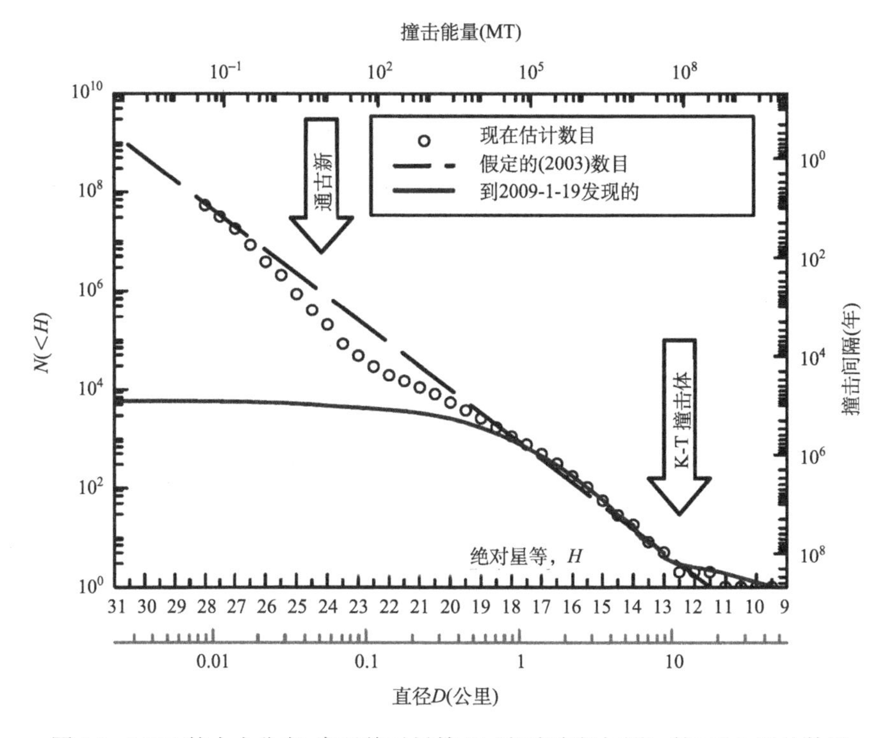

图 8.3 NEO 的大小分布–亮于绝对星等 H（相应直径如图）的 NEO 累计数目

撞击能量是假定撞击速度 20 公里/秒计算的兆吨（MT）TNT 当量；K-T 为 6500 万年前的地质界面

2. 近地小行星的陨击危害分析

月球的探测研究表明，其表面的古老又很大的陨击坑特别多，说明早期受到严重的陨击，随后，陨击率逐渐减少。从陨击的普遍性来说，地球和其他类地天体的陨击情况也应跟月球类似。虽然地球现阶段受到较大 NEO 陨击的概率很小，但一旦发生，其危害是很严重的。因此，我们应当加强巡查和研究。实际上，地球是经常受到陨击的，人们最熟知的是流星——流星体在大气中烧蚀的痕迹，只是在地面上没有什么危害感觉而已。据估计，每天陨落到地球的流星物质有 50～150 吨，大多是宇宙尘。大的火流星就更令人瞩目了，先来列举几个不同危害程度的陨击事件。

1908 年 6 月 30 日，俄罗斯西伯利亚的通古斯河地区上空发生天外飞来物体大爆炸——通古斯事件，估计威力相当于广岛原子弹 2 倍，约 1000～1500 万吨 TNT 当量，2000 多平方公里范围内的树木倒毁，欧亚的很多地震站都有纪录，幸好那里人烟稀少，否则会造成很大伤亡。最近研究得出，这是直径 30～50 米 NEO 在约 10 公里高度空暴。

巴林杰（Barringer）陨石坑是直径 1.186 公里、深 175 米的碗形坑，经过半个多世纪的考察研究，才成为第一个确证的陨击成因构造。它是 49000 年前一颗约 30～50 米（重约 30 万吨）的铁陨石（小行星）陨击地面发生爆炸形成的，该陨石的大部分粉碎，少部分碎块抛到周围 9～10 公里。这次陨击爆震能量相当于 2000～4000 万吨 TNT（类似于核弹爆震的危害），造成 10～13 公里远的霰弹型杀伤，破坏 800～1500 平方公里的植被，另加 200～600 平方公里的损伤。这样的陨击事件平均 6000 年发生一次，现代城市一旦遇到这样的陨击就会完全毁掉。

6500 万年前，地球上包括恐龙在内的 75%物种大量绝灭可能就是大陨击事件造成的。直到 10 多年前，才在墨西哥尤卡坦（Yucatan）半岛的奇科苏卢布（Chicxulub）村发现相应年代的约 180 公里陨击构造，它的一半在海洋，且在陆地的另一半已被掩埋在几百米厚的沉积下面。推断是不到 10 公里的小行星或彗星撞击该地，撞击的能量相当于约几亿吨 TNT，引起的巨大海啸和全球回荡的地震，破坏了尤卡坦半岛的大部分，陨击抛出的小行星破碎物形成全球富集铱的 K-T 地层界面。这样严重的陨击事件平均约 1 亿年发生一次。地球上最大的一次生物灭绝发生在二叠纪-三叠纪（结束于 2.5 亿年前），可能也跟大陨击事件有关。

南非的弗雷德福（Vredeford）陨击构造直径达 300 公里，可能是 20 亿年前由一颗 10 公里的小行星陨击形成的。1976 年 3 月 8 日的吉林陨石雨是约 4 吨的小行星残体陨落空暴事件，碎块散落在 500 平方公里地区。落地的最大陨石重达 1770 千克，穿入冻土层，开掘出一个深 6.5 米、直径 2 米的坑。2007 年 9 月，直径 1～2 米的石陨石以很高的超音速陨落在秘鲁，产生了陨击坑，说明小的 NEO 在特殊情况下也有危害。

每年都有小天体闯入地球大气中烧蚀而呈现为火流星事件，在白昼也可见(如图 8.4）。兆吨（TNT）能量的陨落每世纪可能有几次，但由于仍在高空就烧蚀和爆炸（“空暴”）而呈现出更耀眼的火流星事件，虽然监测卫星常观测到这些空暴事件，但地面上的人一般感觉不到危害；10 兆吨（TNT）能量的陨落穿入到低层大气发生空暴，可造成类似于同样能量原子弹爆炸的危害，低空的空暴比地面爆炸破坏的面积大，通古斯事件就是一例。

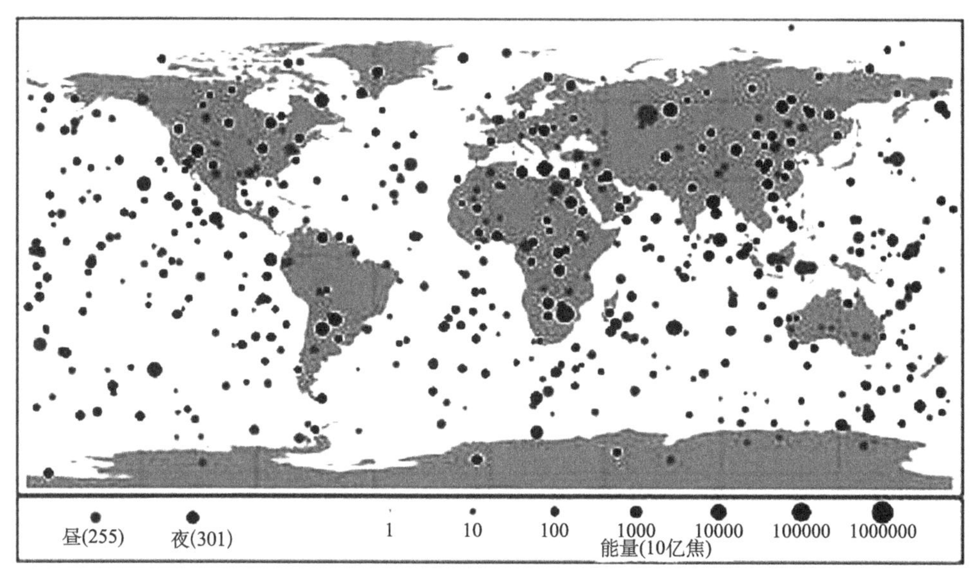

图 8.4 1994~2013 年的火流星事件分布

对于可能进入地球大气的石质小行星，直径 4 米的约每年一颗；直径 7 米的约每 5 年一颗，其动能相当于日本广岛原子弹能量(约 1.6 万吨 TNT)，但空暴减少 5 千吨能量。常在高空爆炸而蒸发大部分或全部固体。然而，直径 20 米的小行星每世纪约有两次，产生更强的空暴。2013 年 2 月 15 日早晨，在俄罗斯乌拉尔联邦管区的车里雅宾斯克市发生一次陨石雨事件。陨石母体小行星进入大气层时直径约 20 米，空暴能量约 50 万吨 TNT，附近地区都见到天空出现爆炸声的

图 8.5 俄罗斯乌拉尔的火流星

明亮火流星，它在天空留下约 10 公里长的轨迹（图 8.5），主要的碎片似乎击中了切巴尔库尔湖。该次事件中有 1200 多人受伤，但大多是碎玻璃和建筑震动造成的。

更大的小行星陨击沉积岩会产生陨击坑。表 8.1A 和表 8.1B 分别给出产生空暴和陨击坑的石质小行星的估算情况。

表 8.1A　产生空暴的石质小行星

小行星直径（米）	进入大气动能	空暴动能	空暴高度（km）	平均频数（年）
4	3 kt	0.75 kt	42.5	1.3
7	16 kt	5 kt	36.3	4.6
10	47 kt	19 kt	31.9	10
15	159 kt	82 kt	26.4	27
20	376 kt	230 kt	22.4	60
30	1.3 Mt	930 kt	16.5	185
50	5.9 Mt	5.2 Mt	8.7	764
70	16 Mt	15.2 Mt	3.6	1900
85	29 Mt	28 Mt	0.58	3300

表 8.1B　陨击沉积岩而产生陨击坑的石质小行星

小行星直径（米）	进入大气动能（Mt）	陨击能量（Mt）	坑直径（km）	频数（年）
100	47	38	1.2	5200
130	103	31.4	2	11000
150	159	71.5	2.4	16000
200	376	261	3	3600
250	734	598	3.8	59000
300	1270	1110	4.6	73000
400	3010	2800	6	100000
700	16100	17500	10	190000
1000	47000	46300	13.6	440000

注：kt-千吨,Mt-兆吨 TNT。依据小行星密度 2.6 克/立方厘米，速度 18 千米/秒，陨落角 45°

1999 年，在意大利都灵举行的 IAU 会议决定采用陨击危害的评估和预警的都灵级别（Torino Scale），其后，又做了公众易理解的修改，如图 8.6 所示，分为 5 色、10 级。此外，还有 2001 年提出的巴勒莫级别（Palermo Technical Impact Hazard

Scale）和 2003 年提出的珀加图瓦尔级别（Purgatorio Ratio）。

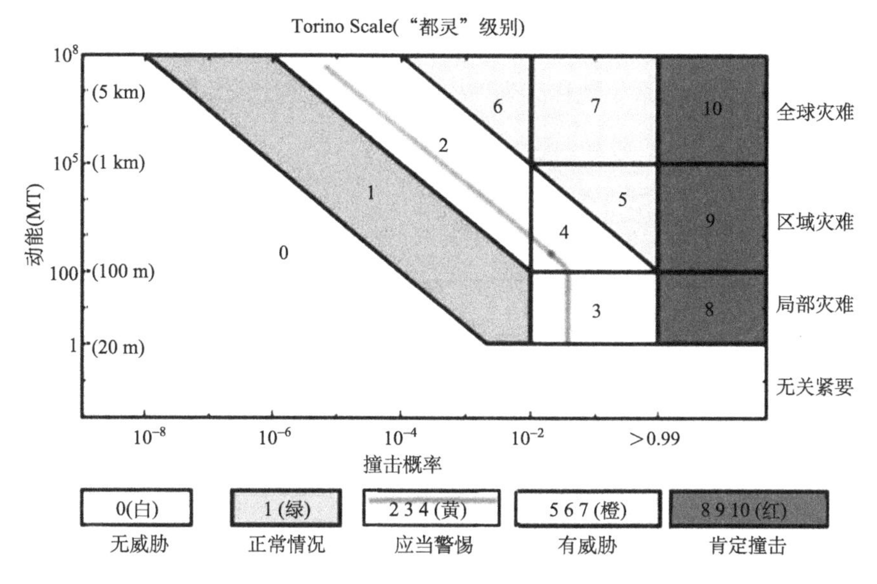

图 8.6 陨击危害的“都灵级别”

2008 年 10 月 6 日，巡天发现小行星 2008 TC_3 的路径趋于撞向地球，空间防卫和小行星中心紧急通告协作观测，由 19 小时连续观测确定出它的准确轨迹并发布预警，这颗直径 2～5 米的小行星果然于 8 日在苏丹北部发生空暴，后来在地面收集到 280 块陨石，共 3.9 千克。

直径约 270 米的近地小行星（99942）Apophis（阿波菲斯）是 2004 年 3 月发现的，后来失踪，然后在当年 12 月再次出现，轨道周期约 323 天。人们很快就推算出它将于 2029 年更接近地球，离地面约 5.6 倍地球半径，撞击地球的概率较大，进一步的观测推算排除 2029 年撞击的可能，2036 年和 2068 年接近时撞到地球的概率也不大（1/250000 和 1/330000）。

基于有关资料和理论，可以近似地评估近地天体撞击地球的危害。图 8.7 和表 8.1A 和表 8.1B 给出不同撞击事件相应的撞击体（NEO）直径、撞击能量、平均时间间隔，由于涉及很多复杂因素，表 8.2 中给出的只是长期近似平均值，实际危害还跟具体情况有关。例如，较小的 NEO 撞入地球大气就产生类似于通古斯事件的空暴，造成地面危害。破坏区的面积 A 正比于爆炸能量 Y 的 2/3 次方，即 $A \propto Y^{2/3}$，较大撞击体的撞击能量更大，危害规模也更大。但这些撞击事件有约 75%发生在海洋或人烟稀少区域，危害就不很大。然而，这些事件较频繁，对人居地区危害就显得重要了。在海洋可能引起海啸，造成海岸地区更大危害。至今还不能搜寻到很多小的 NEO，因而很难预报它们的突然撞击，尤其偶然来临的彗星，撞击速度大，危害也大。若撞击能量达千万吨到亿吨TNT，就造成区域性严重危害；兆亿吨TNT能量的大撞击灾难平均约1亿到10亿年发生一次。虽然能量小的未必造成物种大规模绝灭，但仍会像核爆炸或火山喷发那样把尘屑抛散全球，造成较久的严重灾难，有些学者形象地称其为“核冬天”，仍是比大地震和洪水危害严重的准全球性灾难。

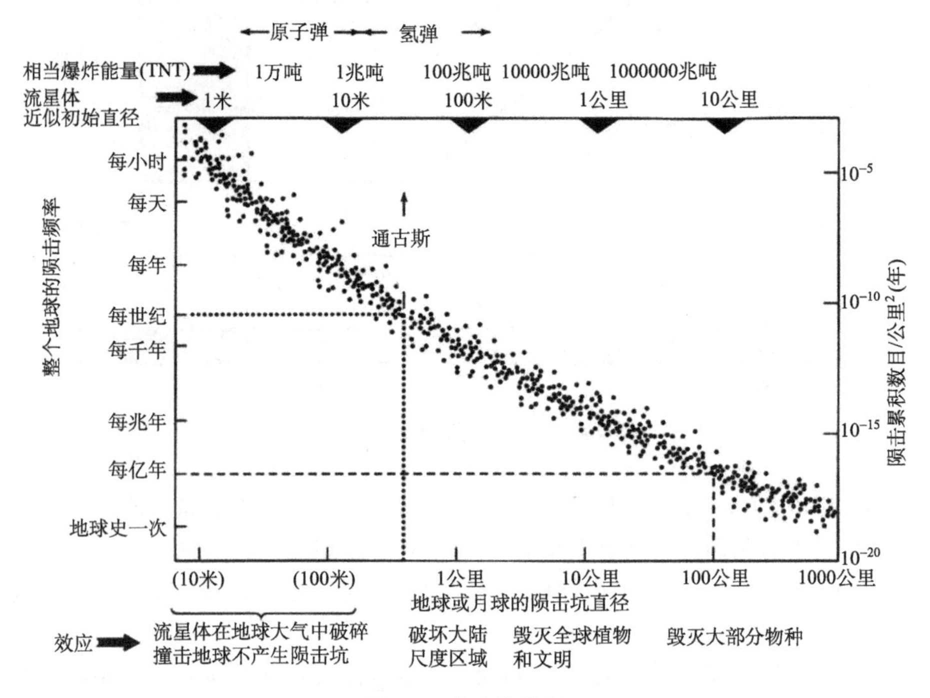

图8.7 撞击的危害

表8.2 NEO撞击事件的撞击体直径、撞击能量、平均间隔（MT为兆吨TNT当量）

事件类型	撞击体直径	撞击能量（MT）	平均间隔（年）
空暴	25米	1	200
地方规模	50米	10	2000
区域规模	140米	300	30000
大陆规模	300米	2000	100000
小于全球灾难阈	600米	20000	200000
可能全球灾难	1公里	100000	700000
大于全球灾难阈	5公里	10000000	3千万
大规模绝灭	10公里	100000000	1亿

一次撞击事件的危害程度可以由平均死亡人数来表征，它主要跟撞击能量有关，而撞击能量又主要取决于撞击体的直径，综合考虑其他重要因素，研究得到图 8.8 所示模型，其中假定直径 1.5 公里的 NEO 撞击造成全球性灾难，全世界人口死亡十分之一，而 10 公里的 NEO 撞击造成世界人口灭亡。虽然未必准确，但可以作为制定防御对策依据。

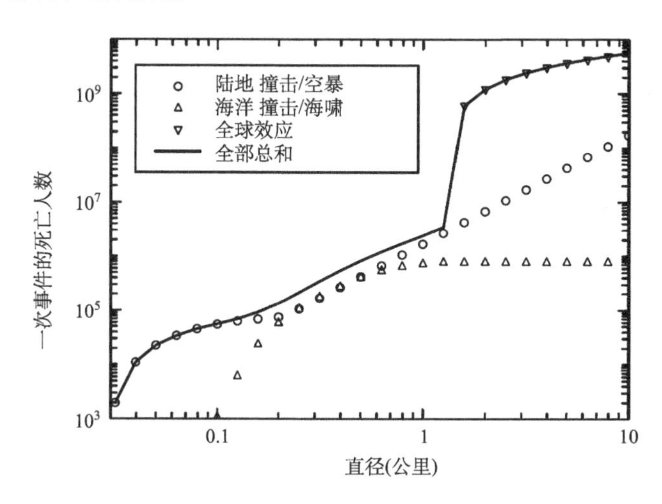

图 8.8　不同大小的 NEO 每次撞击造成的死亡人数

3. 防御陨击危险的对策

某些 NEO 撞击地球是必然会发生的，但危害程度有很大差别，从经常发生的无危害的火流星，到人一生（百十年）平均发生一次的空暴，再到发生可能性很小、但却偶然发生的全球性灾难事件。认识到陨击的不可避免性，应深入开展 NEO 巡视，发现将要来临的陨击体。发现后可以采取怎样的防御对策呢？

防御陨击危害有两种途径：一是主动去改变陨击体（NEO）的轨道或炸毁它；二是被动躲避陨击危害。由于可能的陨击危害程度差别范围非常大，单一的方法不适于处理所有的陨击事件。对于低能量的陨击事件，民事防御方法是挽救生命和财产损失的耗费少而有效的方法；对于较大的陨击事件，改变陨击体（NEO）轨道是适宜的办法；对于最大的陨击事件，现在还没有技术能力来避免灾难。

根据现在的和可能发展的技术能力，提出的防御对策有以下四类。

◆ **民事防御**

如同应对地震等自然灾害，可以及时采取隐蔽、组织疏散撤离、使用应急设备，避免或减少危害。较小规模的陨击（空暴及陨石降落）发生较多，但往往在陨击快来临时才发现陨击体，预警时间短（几小时到几天），但只在局部地区产生较小的危害，可以疏散到陨击区之外；规模大些（陨击体 10～20 米）的陨击，危害区域更大，但预警时间可以达到几天到几星期，也可以按应急措施疏散；更大规模的陨击，危害区域大，民事防御也可以作为辅助措施。

◆ **缓慢推或拉方法**

对于预警时间几十年、陨击体较小（几米到 100 米）的情况，改变其轨道而使它免撞地球，最准确又可控的是缓慢推或拉的方法。例如，发送“引力拖拉机”飞船到陨击体近旁，仅利用引力使它位移 15000 公里（2.5 倍地球半径）就可以避开撞击地球。也可以考虑接触拖动，但技术不确定性大。也可发送大而轻的太阳能收集器，让强光蒸发陨击体物质的反冲力来改变其轨道。

◆ **动力学撞击**

对于预警时间 20 年的较大（几百米到公里）陨击体情况，可发送飞船去把它撞离飞向地球的轨道，但其效果还需进一步研究。

◆ **核弹炸毁**

对于大陨击、尤其预警时间短的（几个月到几年），或其他方法失败时，可以一次或多次发送核弹去有效地炸毁陨击体。虽已提出过几种可行的具体方法，但都有相当的不确定性，主要担忧的是炸裂的 NEO 碎块仍可能撞击地球以及核弹爆炸的放射物危害，即使技术问题可以解决，还有政治的、社会的难题。

对于足够小的（直径几十米，或许到 100 米）且撞击体本身强度不大的撞击事件，民事防御不仅合理，也是低耗费而有效的方法。这样的事件也是最常发生的，平均两世纪发生一次。它们也可能是事前预警最少的事件。对于较大的事件，主动改变陨击轨道可能是有希望的。是选择缓慢地推/拉，还是动力学撞击，或是核弹爆炸？这取决于必须移走的该 NEO 的质量和决定多早去避免危害以及轨道的详情。表 8.3 总结了应对各种威胁的防御对策。表 8.4 展示了各种防御对策的可用情况。

表 8.3　主要防御对策

防御对策	主要使用范围
民事防御（如预警，隐蔽，撤离）	最小的和最大的威胁
缓慢推（如会合飞船“引力牵引”）	预警时间很短的任何大小威胁
动力学撞击（如大质量飞船拦截）	中等的部分（～10%）威胁，要十年预警
核爆炸（如很近的核爆炸）	大规模威胁和短预警的中等规模威胁

表 8.4 主要防御对策总结（一旦遭 NEO 高概率撞击的对策）

事件规模	预警时间		
	短 (几天~几年)	中 (几年~十年)	长 (几十年)
小 (局部的/国家的)			
中 (区域的/多国的)			
大 (全球的/国际的)			
最大 (全球灾难/不能避免)			

图例

- 研究和监测
- 民事防御(隐蔽，撤离)
- 评定使命
- 缓推轨道改变(引力拖带)
- 双边协议
- 动力学撞击
- 国际协议/协作
- 核爆炸
- 无避免能力-全球毁灭

一颗近地天体（NEO）的轨道决定它是否会撞击地球。足够准确的轨道信息也决定撞击应发生的地点和时间。然而，撞击的结果及其对人及其财产的危害取决于很多因素。防御效果同样地依据 NEO 的更多特性，而不只是轨道。虽然个别 NEO 撞击地球不能事先准确预报，在没有机会完成个别 NEO 的未来评定研究时，评定范围的恰当知识有助于事前制定防御计划。地面观测可以提供某些 NEO 的物理性质（如自转速度、大小估计、成分），NEO 专用飞船可以提供很长使用时间和接近勘测，获得它们的自转运动、质量、大小、形状、表面形态、内部结构、矿物组成和碰撞历史的特性。从飞船评定任务收集的数据也会帮助标定地面的和空间的遥测数据，可以提高 NEO 遥测分类及其有关物理特性的可信度，供未来防御对策使用。

但这些方法都是概念上成立的，现在没有一个是准备短时期实施的。民事防御和动力学撞击可能最近筹措，但甚至这些也要求实施前做补充研究。

总之，没有单一防御对策是足够有效地完全防御全部范围的潜在撞击危险，各类对策有大致的应用范围（如图 8.9）。民间防护在所有情况都适用。有了适当的预警，除了极高能量的撞击，一套四类防御对策适用于几乎所有 NEO 的威胁。

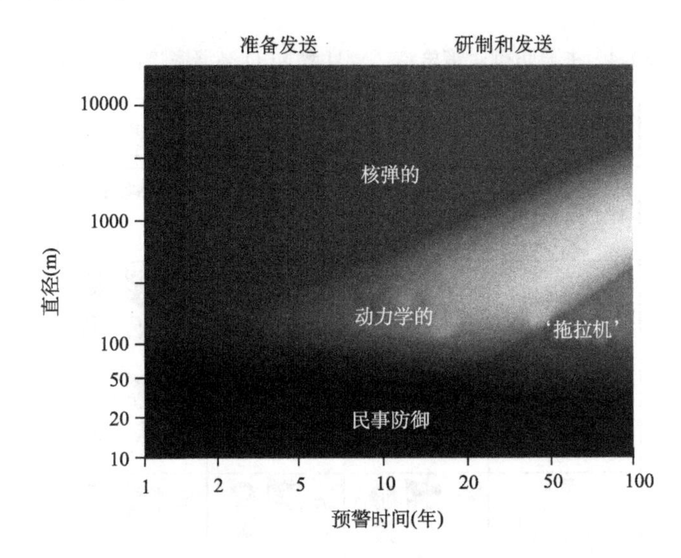

图 8.9　各类对策的应用范围

处理近地天体（NEO）的撞击危害是非常复杂的，因为它牵涉到不准确知道的危害与成本、风险与回报效益的平衡。由于近地天体的撞击危险是概率性的，难于掌握，难于表述。很多项目还需要深入研究，以便更好的量化风险和提高预报能力、增加防御对策的成效。例如，地球附近小型撞击体的数目知之甚少，甚至不能确定在140米以上或50米以上的撞击体的平均率；不知道它们的基本性质：由什么组成，在什么限度上是改变了的原体，而不是严重断裂的或甚至完全分离的、松弛地相伴运行的引力束缚集合体；即使知道撞击体的大小、撞击能量、基本性质资料，其撞击对地球的危害也是不很确定的。撞击危害取决于撞击体是否在到地表之前就在大气中破裂，撞击是否发生在浅水、深水或者陆地上以及在那里的岩石类型。此外，危害未必限于撞击时间和地点附近的区域，而对于大撞击还可能包括全球气候变化或海啸。但对于造成这些危害需要多大的撞击、什么类型的撞击，仍是很不确定的。防御能力取决于从研究获得的新知识和理解。研究项目应包括三个主要任务领域：巡视、评定和防御对策。其范围应包括分析、模拟和实验室实验。

九、柯伊伯带与弥散盘

柯伊伯带（Kuiper belt）是太阳系行星区外的盘带，从海王星轨道（30AU）延展至离太阳约 50AU，它类似于小行星带，但更大——宽是小行星带 20 倍、质量大 20～200 倍。此带含有很多小天体，称为“柯伊伯带天体（KBO）”，它们主要由冻结的挥发物（诸如甲烷、氨和水冰）组成，已发现 1000 多颗，估计存在 10 万多颗直径 100 公里以上的。柯伊伯带是动力学不稳定的，很多柯伊伯带天体早已外移到“弥散盘（scattered disc）”而演化为“弥散盘天体（SDO）”，它们的轨道偏心率范围达 0.8 ，轨道倾角范围达 40°，近日距大于 30 AU，远日距可达 100 AU 以上。

1. 柯伊伯带

在 1930 年发现冥王星后不久，天文学家（F. C. Leonard，A. O. Leuschner）就提出，海王星轨道之外，冥王星不会是唯一的行星体，还可能存在其他行星体。1943 年， 埃奇沃思（K. Edgeworth）在英国天文协会杂志发表文章，设想海王星之外的太阳系原始星云稀疏物质会聚集成很多较小天体，有的偶尔进入内太阳系而成为彗星。1951 年，柯伊伯（G. Kuiper）在天体物理杂志发表一篇论文，推测太阳系演化早期形成一个类似天体的外盘带，但未想到这样的带会持续存在到现在；他假设冥王星是地球大小的，可以使带内小天体外移到奥尔特云或逃出太阳系。随后几十年，又以一些别的形式论述此假设。1962 年，卡梅伦（G. W. Cameron）提出，太阳系外围存在大量的小物质。1964 年，惠普尔（F. Whipple）提出彗星的“脏雪球”假说，认为那里存在“彗星带”。

现在已把冥王星作为最大的柯伊伯带天体之一，而其他柯伊伯带天体都是远而暗的，比寻找冥王星还要难。朱伊特（D. Jewitt）和刘（J. Luu）经过 5 年的搜寻，终于在 1992 年 8 月 30 日宣布，发现除了冥王星的第一颗柯伊伯带天体 1992 QB_1，给予小行星编号（15760）；6 个月后，他们又发现第二颗（181708）1993 FW。此后，发现的柯伊伯带天体越来越多。

虽然柯伊伯带大致离太阳 30～50AU，但一般认为，柯伊伯带的主体为从离太阳 39.5 AU 处（跟海王星 2∶3 共振）到约 48 AU 处（1∶2 共振）。柯伊伯带相当厚，柯伊伯天体主要密集于离黄道 10° 范围，有些柯伊伯带天体弥散几倍远，带的总体更像轮胎或面包圈，其平均位置对黄道倾角 1.86° 。

由于轨道共振，海王星对柯伊伯带的结构有深远影响。在相当于太阳系年龄的时标，海王星的引力使得一定区域的柯伊伯带天体的轨道变为不稳定，或者使它们进入内太阳系，或者外移到弥散盘乃至恒星际。这就导致柯伊伯带现在有空隙——类似小行星带的柯克伍德空隙。例如，在 40AU 与 42 AU 之间的区域，没有 KBO 可以在这么久保持稳定轨道，而观测到的必然是新近迁移到那里的。

经典柯伊伯带（classical Kuiper belt）处于跟海王星 2∶3 共振与 1∶2 共振之间的区域，大致离太阳 42～48 AU。海王星对那里的引力影响是可忽略的，而可以存在轨道基本上不变的柯伊伯天体，它们的数目大致占已观测到的三分之二。经典柯伊伯带天体以首先发现的（15760）1992 QB_1 为原型，而常称为 cubewanos（“Q-B-1-ons”），它们的轨道半长径在 40～50 AU 范围，轨道偏心率范围 0.2～0.8，30%以上是近圆的（偏心率最大为 0.25）且轨道倾角较小。它们常以创世诸神来命名，例如，（136472）Makemake-鸟神星、（50000）Quaoar-创神星。

经典柯伊伯带天体在动力学上分为“冷族（cold population）”和“热族（hot population）”。冷族天体的轨道特征像行星，即轨道近圆（偏心率小于 0.1）、轨道倾角较小（小于 5°），也有“核（kernel）”的密集区，半长径 44～44.5AU。热族的轨道对黄道倾角大（大于 5°，可达 30°）。两族不仅轨道不同（如图 9.1），还有颜色和反照率及大小分配等差别。冷族天体较红且较亮，有较大比率的双体。颜色差别反映成分及形成演化不同。

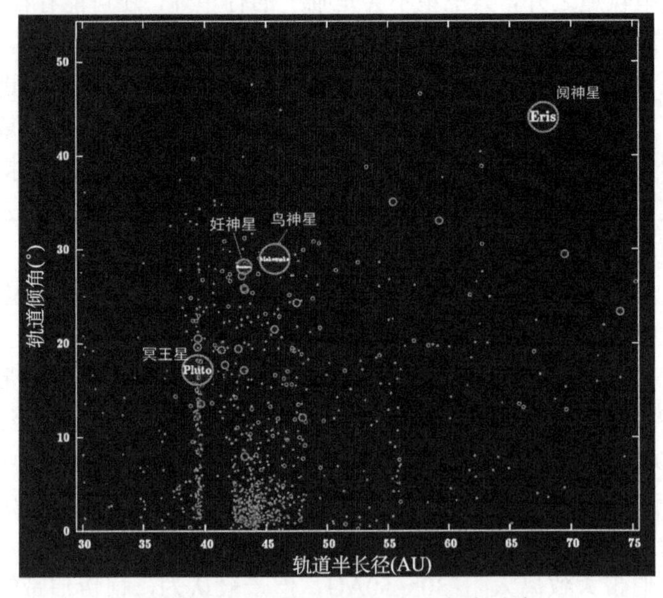

图 9.1 KBO 的轨道半长径和倾角分布

冥王星与海王星的轨道运动周期成2∶3共振，海王星的引力作用使冥王星轨道运动保持很稳定，或者说被“锁定”了。现在已知约200颗天体有同样的共振，它们的轨道半长径约39.4 AU，称为“冥族天体（plutinos）”，其中有些（包括冥王星）是轨道跟海王星轨道交叉的，但如同立交桥的不同层次轨道上的车，它们从来不会碰撞（如图9.2）。相应于1∶2轨道共振，轨道半长径约47.4 AU的KBO有时称为“共振海外天体（twotinos）”，其数目很少。也存在其他共振3∶4、3∶5、4∶7和2∶5的KBO（如图9.3）。相应于1∶1轨道共振的就是前面

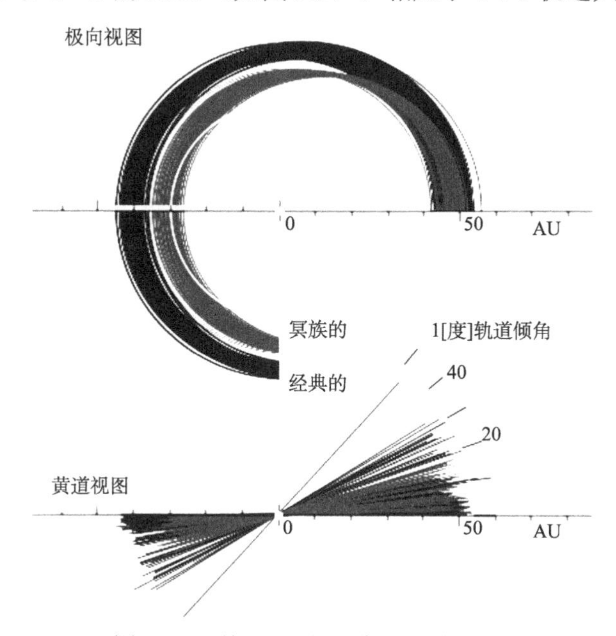

图9.2 冥族KBO与经典KBO的轨道

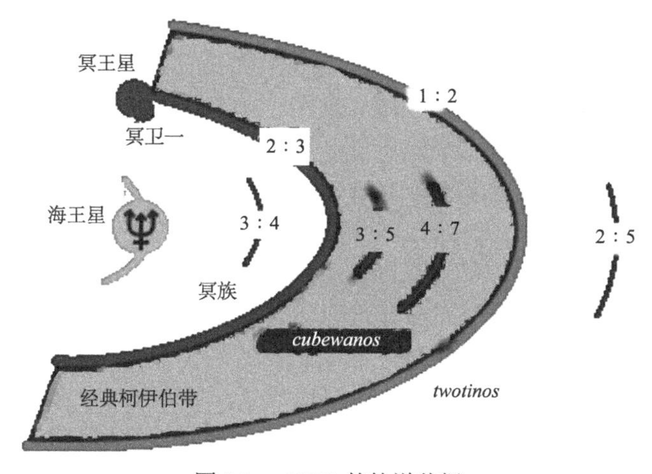

图9.3 KBO的轨道共振

已谈到的海王星的特洛伊小行星。轨道共振 1∶2 似乎是个边界，对其外面的天体知之甚少。还不清楚，它实际上是否就是经典柯伊伯带的外边界、或者恰是宽空隙的开始。大致在离太阳 55 AU（相应于 2∶5 共振），在经典柯伊伯带很外侧，已探测到 KBO；然而，在这些共振之间存在大量经典柯伊伯带天体的预言，却没有被观测确认。完全未预料到的是，50AU 外的小天体数目突然大减——谓之"柯伊伯悬崖（Kuiper cliff）"，原因还不知。

2. 弥散盘

比柯伊伯带更远，还有较宽一族稀散的海外天体组成的"弥散盘"。这些天体称为"弥散盘天体（SDOs）"。1996 年，第一颗被认知的弥散盘天体是 1996 TL_{66}。1999 年，同次巡天又确认三颗 SDOs：1999 CV_{118}、1999 CY_{118}、1999 CF_{119}。到 2011 年，已确认 200 多颗 SDOs，包括 2002 TC_{302}、（136199）Eris-阋神星、（90377）Sedna、2004 VN_{112}。

弥散盘天体的轨道偏心率范围大（达 0.8），轨道倾角也达 40°，半长径大于 50AU，近日距大于 30AU。一般认为，这种轨道的天体是被气体巨行星的引力"驱散"的，且继续受到海王星的摄动。虽然最接近的弥散盘天体可以近到离太阳约 30～50AU，但轨道可延展到 100AU 外，远近距离变化很大。弥散盘的最内部分跟柯伊伯带外部有重叠，但弥散盘的外限远得多，离黄道上下范围比柯伊伯带厚。弥散盘天体的轨道是不稳定的，受巨行星摄动，最终或进入内太阳系、或逃远。弥散盘内也有诸如 1∶3、2∶7、3∶11、5∶22 和 4∶79 共振轨道的例子。

（90377）Sedna、2000 CR_{105}、2004 VN_{112} 的近日距离海王星很远而不受海王星影响。于是，有些天文学家认为，它们是"延展弥散盘（extended scattered disc）"天体（E-SDO）。2000 CR_{105} 也可以是内奥尔特云天体、或在弥散盘与内奥尔特云之间的过渡天体。最近，天文界称这些天体为分离的（detached）、或远分离区的天体（DDO）。在延展弥散盘与分离区之间没有清楚分界。

我们可以从轨道半长径和倾角图（如图 9.4，彩图 10）看出上述弥散盘天体与柯伊伯带天体及共振天体的轨道特征差别。不像柯伊伯带天体（KBOs）的轨道倾角范围和偏心率很小，弥散盘天体（SDOs）的轨道倾角范围大（达 40°），偏心率也大。 由于弥散盘天体的近日距相当小，会受海王星的引力影响而使它们的轨道不稳定。

类似于包括柯伊伯带天体的其他海外天体，弥散盘天体的密度较小，它们由冻结的挥发物（水，甲烷等）组成。选取的柯伊伯带天体和弥散盘天体（如冥王星和阋神星）的光谱分析，揭示出相似甲烷成分的标志（如图 9.5）。天文学家本以为，海外天体原先形成在同样区域，经历太阳辐照等过程，都显示相似的红色表面；并且预料弥散盘天体表面有大量甲烷，受太阳辐射作用而化学上变为复杂

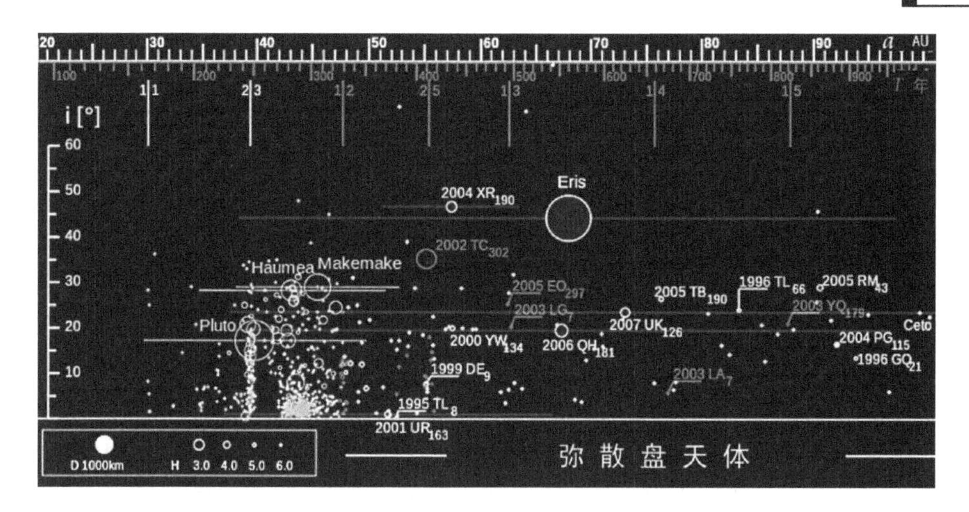

图 9.4　弥散盘天体、柯伊伯带天体、共振天体的轨道半长径 a 和倾角 i

细横线端表示近日距-远日距

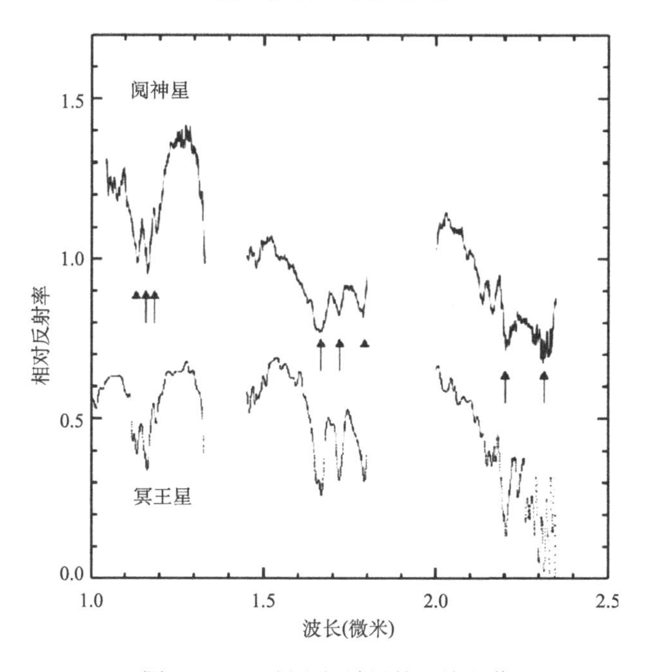

图 9.5　冥王星和阋神星的红外光谱

有机分子，吸收蓝光而呈现略红色调。大多经典柯伊伯带天体就显示这样颜色，但弥散盘天体则不是这样，而是呈现白色或略灰色。一种解释是，因受撞击而暴露出较白的下表层；另一种解释是，弥散盘天体形成在离太阳远的区域，成分有差别。阋神星是弥散盘天体，其发现者布朗（M. Brown）提出，由于它现在离太阳远，其甲烷大气冻结到表面而有几寸厚的亮白冰层。然而，冥王星离太阳更近，受太阳辐射加热而甲烷仅在较冷的高反照率区，留下的低反照率索林（tholin）物质覆盖区裸露冰。

3. 冥王星

随着科学技术的发展，人类不断开阔视野，由近及远地探索太阳系的未知天体。在科学史上，外太阳系的冥王星和阋神星的发现都有里程碑意义。

天王星是1781年发现的，然而，天王星的观测位置与天体力学计算位置总有偏差，猜测是未知行星的引力摄动所致。1946年，法国的勒威耶（Le Verrier）用天体力学方法推算出未知行星位置，及时告知柏林天文台的加勒（J. G. Gale），果然，在预报位置附近找到了它，命名为海王星。大致同时，英国的亚当斯（J. C. Adams）也做了类似推算。这个“笔尖上的发现”显示了天体力学的“威力”，轰动世界，激励人们用类似方法，从天王星和海王星的观测位置与计算位置偏差来推算与寻找新的行星。其中以20世纪初美国的洛厄尔（P. Lowell）和皮克林（K. H. Pickering）的推算最好，洛厄尔还建造新望远镜去寻找它。经过多年努力，终于在1930年2月18日被汤博（C. W. Tombaugh）从约9千万个星像中发现了它，并命名为冥王星（Pluto）。实际上，冥王星质量太小，不应有原来估计的摄动，因此它的发现可能是巧合。事实上，M. Humason早在1919年已拍摄到了冥王星，遗憾的是，因为它太暗并被当成底片缺陷而忽视了！原先把冥王星作为太阳系第九颗行星，由于它比其他八颗行星小得多，越来越引起其行星资格的质疑，2006年8月24日国际天文学联合会（IAU）决议，将它们作为“矮行星（Dwarf Planets）”首批成员之一，同时，按照惯例，给予它以小行星编号为（134340）Pluto。如前面所述，它是柯伊伯带的冥族天体之首。

1）冥王星的特性

冥王星沿很扁的椭圆轨道绕太阳公转（如图9.6），轨道半长径为39.48AU，轨道周期248.09年，轨道偏心率0.249，轨道倾角17.14°。它在过近日点前后各10年期间（最近一次在1989年9月5日）比海王星离太阳还近。在轨道投影于黄道面的图上，似乎它们轨道交叉，但实际上它们的轨道就像立交桥的上下道路那样，它们不会接近到17AU。

冥王星的自转很慢，自转周期为6.3873（地球）日，自转轴与轨道面的交角为120°，即侧（倾斜）着逆（轨道运动）方向自转，在冥王星上看，太阳是西升东落的。

由于冥王星远而小，人们对其一直了解甚少。1978年偶然发现它的卫星——冥卫一，才利用开普勒第三定律算出冥王星较准确的质量。冥王星物理特性跟八

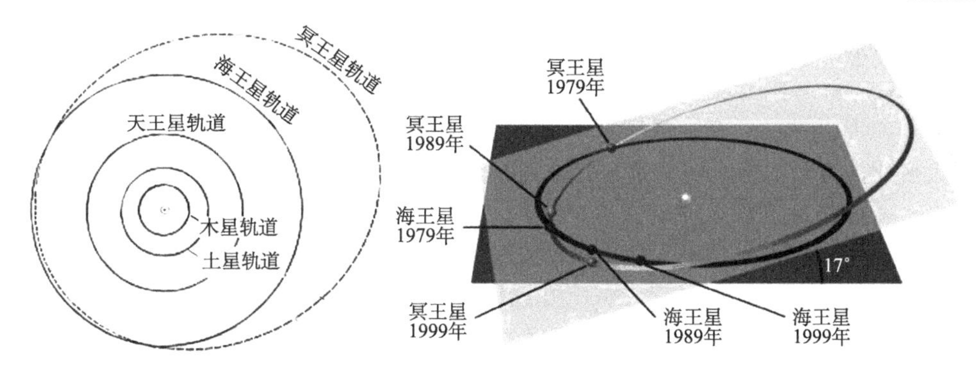

图 9.6 冥王星的公转轨道

颗行星有很大差别，更类似于天王星和海王星的大冰卫星。在冥卫一绕冥王星的轨道运动中（如图 9.7），当它们轨道面侧向地球时（在公转周期 248 年中，只有两段期间），就会观测到冥卫一从冥王星前面经过（称为冥卫一“凌”冥王星）或背后经过（冥王星“掩”或“食”冥卫一），有时它们也“掩”恒星。这时观测它们的亮度变化，尤其是哈勃太空望远镜的观测因不受地球大气扰动而可以粗略分辨冥王星和冥卫一的表面，进而推算它们的大小、质量及表面性质。

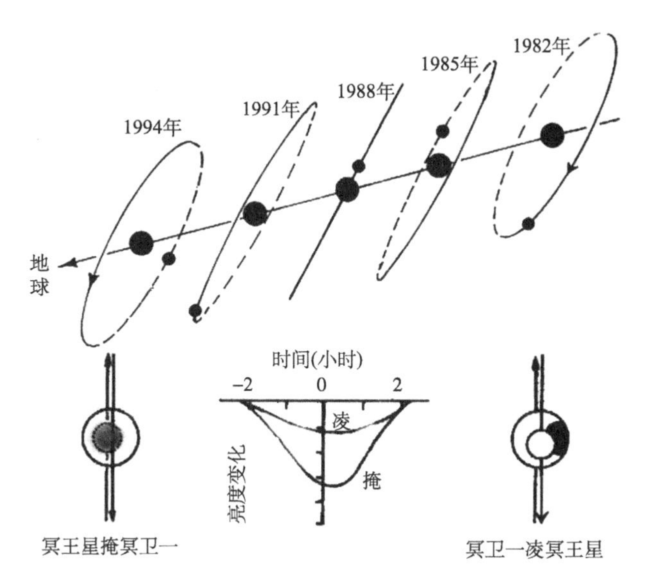

图 9.7 冥王星掩冥卫一与冥卫一凌冥王星的亮度变化

2）冥王星的大气

20 世纪 70 年代，光谱观测显示冥王星表面有甲烷冰，从而推断它有大气；但直到 1988 年冥王星掩恒星时才真正发现它的大气，这是由冥王星大气掩星使星光逐渐减弱显示出来的。冥王星大气很稀薄，厚度约 300 公里，由氮（N_2）、甲烷（CH_4）和一氧化碳（CO）组成，它们跟其表面冰处于平衡。由于冥王星的轨道偏心率大，它在一个轨道周期中离太阳的距离及接受的太阳辐射所致冰升华有很大变化，其大气状况也随之变化，表面气压变化于 0.65～2.4 帕，表面温度变化于 33～55K。

甲烷气体有很强的温室效应，造成冥王星大气逆转，表面之上 10 公里大气增暖到平均气温 36K。较低层大气比其高层所含甲烷浓度大。新视野飞船越过冥王星后，在背太阳光侧所摄冥王星像经仔细处理（如图 9.8 右，图 9.11），显示出多层雾霾。

图 9.8　冥王星的大气层

3）冥王星的表面

飞船拍摄的系列冥王星图像显示，其表面的亮度和颜色相当不均匀，有相当大的变化，颜色变化于炭黑、暗橙与白色之间，跟其部分大气的季节性凝聚和升华相关，反射率在 0.49 和 0.66 之间。98%以上是氮冰，也有微量的甲烷冰和一氧化碳冰。其表面背冥卫一（前导）侧含更多的氮冰和一氧化碳冰，而甲烷冰在另一侧最多。最显著的地质特征（如图 9.9，彩图 8）包括“汤博区”或“心脏”（背冥卫一侧的大亮区）、Cthulhu Regio 或“鲸”（随后测的大暗区）和指节铜环（brass knuckles，前导侧的一系列赤道暗区）。

初步总结近来的发现，冥王星表面展现出多样地貌，包括由冰河和表面-大气相互作用，以及陨击、构造、冰火山和坡移过程所致的地貌。一些表面特征已开始进行了非正式命名。例如“汤博区”，它的中左平坦区称为“Sputnik（第一颗人造卫星）Planum”（如图 9.10（a）），那里缺乏陨击坑，是地质上很年轻（少于 1 亿年）的冰平原，可能仍被冰川过程成形和改造。冰平原也显示有暗纹，长度几公里，以同样方式排列，可能是喷泉受强风所致。Sputnik Planum 似乎由比水冰岩床更易挥发的冰（包括一氧化碳冰）构成，多边形冰结构（Polygons），可能是氮冰流（像地球的冰川）流进其边缘的谷和陨击坑；这些谷似乎经剥蚀而形成。来自冰平原的雪或冰似乎被吹或再沉积为其东部和南部的薄层，形成大而明亮的汤博区。沿该平原西南和南边缘与魔区（Cthulhu Regio）之间，有两个几公里高的山脉：Hillary Montes 与 Norgay Montes（如图 9.10（b），图 9.11），在冥王星温度，唯一足够支撑起这样高山的是水冰。魔区和其他暗区有许多陨击坑和甲烷冰标志。深红色是冥王星大气落下的固体黏性物“索林（tholins）”。冥王星北半球中纬度显示多样的地形，极冠有甲烷冰和厚而透明的氮冰片，显得暗红。

图 9.9 新视野飞船拍摄的冥王星（2015 年 7 月，左：7 月 11 日，右：7 月 13 日）

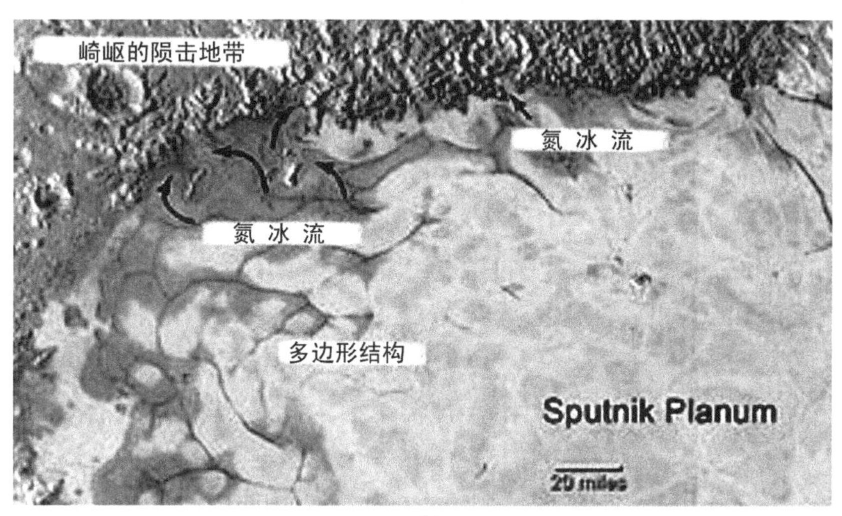

(a)

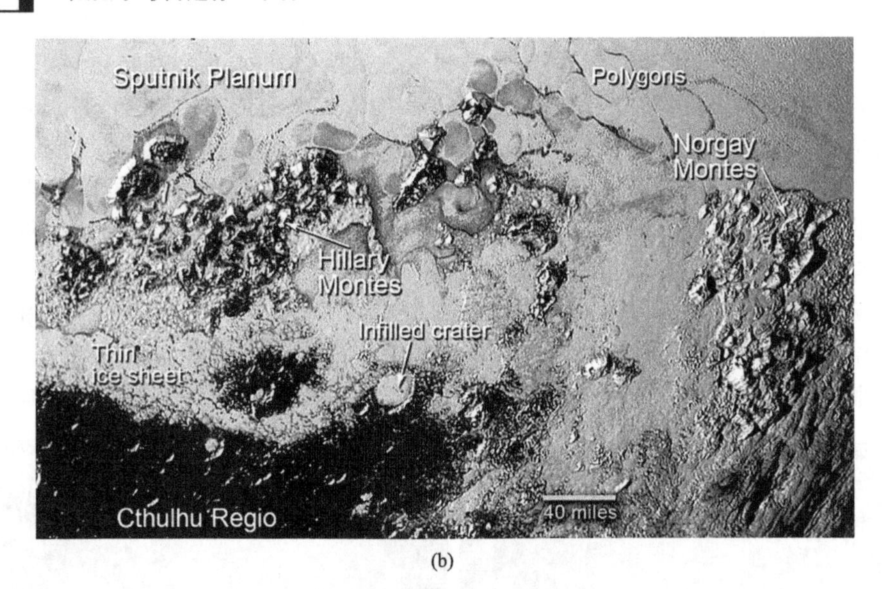

(b)

图 9.10 （a）冥王星表面的汤博区；（b）Sputnik Planum 与魔区的两个山脉

图 9.11 左前：Hillary（左天界）山脉；右部：Sputnik Planum；上部：大气层在日落时景观

4）冥王星的内部结构

从冥王星的有关资料出发，可以从理论上计算它的内部结构模型。图 9.12 是较新的一种冥王星内部结构模型。由于放射性元素衰变的加热，冥王星内部是分异的，形成核、幔、壳结构：岩石质星核的半径约 850 公里；往外是水冰的幔；外壳为冻结的氮，还含甲烷冰及一氧化碳冰。核-幔界面可能有厚 100～180 公里的液态水海洋层。

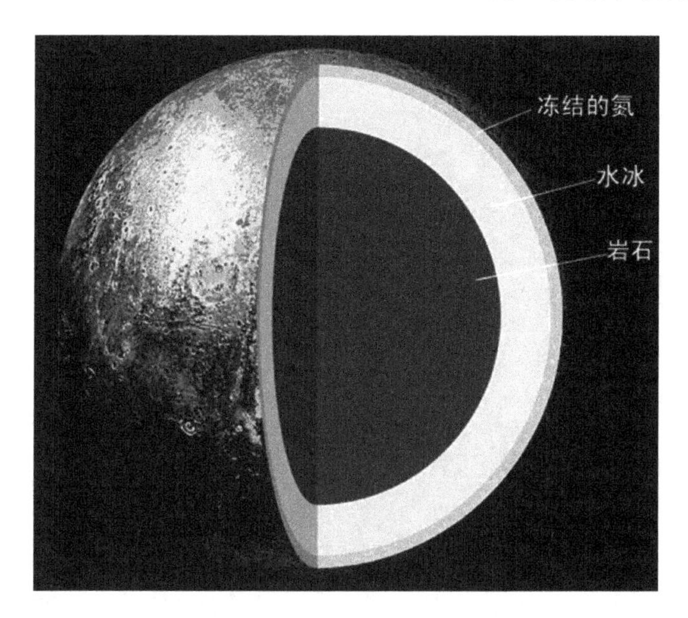

图 9.12　冥王星的内部结构

4. 冥王星的卫星

已发现冥王星有五颗卫星：卡戎（Charon，冥卫一）、尼克斯（Nix，冥卫二）、海德拉（Hydra，冥卫三）、柯巴勃斯（Kerberos，冥卫四）、斯提克思（Styx，冥卫五）。它们各自在冥王星的赤道面附近（倾角小于 1º）的近圆形（偏心率小于 0.006）轨道上绕冥王星转动（如图 9.13）。

1）冥卫一

1978 年 6 月 22 日，克里斯蒂（J. W. Christy）发现冥王星的像上有个突出部分，经分析，认为那是冥王星的卫星，并且查找以前的底片和并通过后来的观测确认（如图 9.14）。可惜，以前把突出部分作为污点而忽略了，否则早就发现它了。这颗卫星是冥卫一，又以神话中摆渡冥河的船工名字卡戎（Charon）命名。它离冥王星中心 19571 公里，与冥王星绕共同质心转动，离质心 17536 公里，几乎总在冥王星赤道面（倾角 0.001°）绕转，它们相互绕转周期跟冥王星自转周期相同，因而它是“同步卫星”，总保持在冥王星上特定地点的上空。而且，卡戎也是以同样周期的“同步自转”，它总以一侧朝向冥王星。卡戎的半径为 606 公里，质量为 1.586×10^{21} 千克，平均密度 1.702 克/立方厘米。它们的大小和质量上如此相当，这在太阳系天体中是很独特的，因此可看作“双行星”。

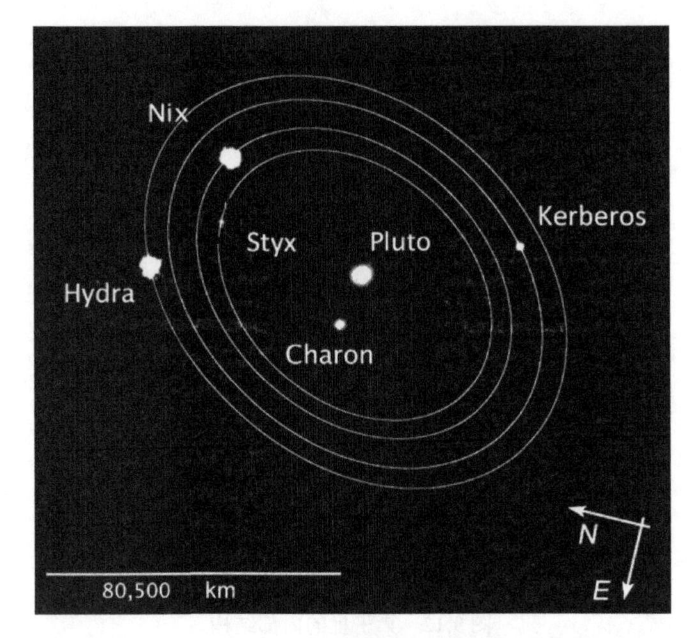

图 9.13 冥王星卫星的轨道

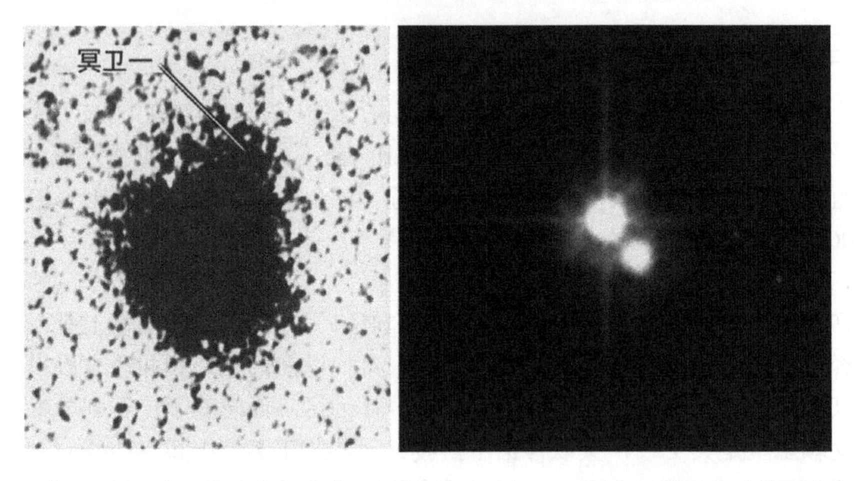

图 9.14 从冥王星（负）像突出部分发现了冥卫一（左），哈勃空间望远镜分辨出它们（右）

冥卫一表面反照率（约 0.35）比冥王星反照率（约 0.55）小，颜色更中性，其光谱没有固态甲烷、氮或一氧化碳迹象，而有水冰和氨的水合物（如图 9.15），说明其表面存在活跃的冰喷泉和冰火山，内部可能含有比水冰重的岩石和有机物质。新视野飞船拍摄到冥卫一高清像（如图 9.16），其表面有亮的赤道带和暗的极区，陨击坑很少，说明在地质上是年轻和活动的。其北极区以很大较暗区（非正式称呼“Mordor”）主宰，有解释认为是由从冥王星逃出的气体（氮、一氧化碳、氨）凝聚冰而形成。这些冰受太阳辐射，化学反应而形成各种微红的“索林”。后来，又受太阳加热而出现季节变化，使得挥发物升华而逃逸，留下索林。历经百万年，残留的索林沉积为覆盖冰壳的厚层。冥卫一表面的峡谷最深达 9.7 公里，悬崖和谷延续 9709.7 公里。其表面一个很反常的“深沟内的山”特征令地质学家震惊和迷惑。

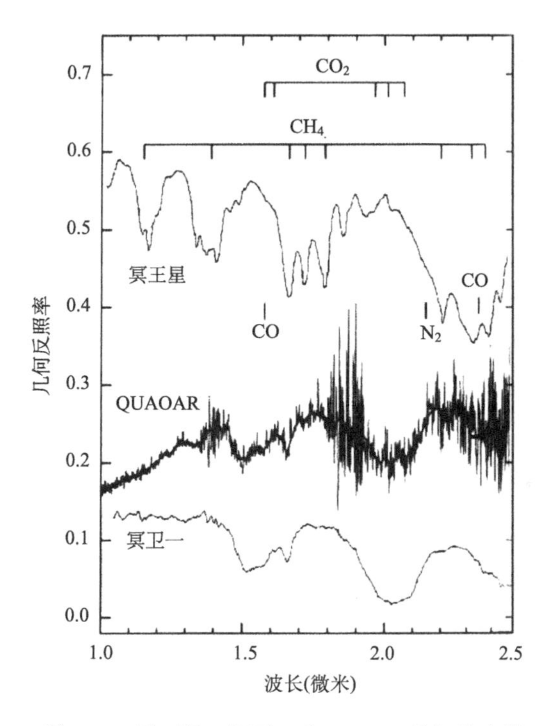

图 9.15　冥王星、冥卫一和 Quaoar 的红外光谱

相对于冥王星而言，冥卫一的密度较小，因而冰/岩比率更大。在新视野飞船探测之前，曾提出冥卫一的两种不同内部结构模型（如图 9.17）：一种是内部分异的岩核、水冰幔和表面冰模型；另一种是整体均匀的岩冰混合模型。2007 年，“双子”天文台观测到冥卫一表面有多片氨的水合物和水结晶，表明存在活跃的冰火山活动，这支持前一种模型。因为太阳辐射在 3 万年就会使冰由晶态变为非晶态，现在仍处于冰晶态的事实暗示这是新近沉积的。

2）冥王星的四颗小卫星

2005 年 5 月 15 日，哈勃空间望远镜拍摄到冥王星和冥卫一旁有两颗疑似卫星的暗星，它们的亮度约为冥王星的 1/5000。5 月 18 日再次拍摄到它们，但位置绕冥王星转动了，命名为冥卫二和冥卫三。图像数据分析确定，它们分别在半径 48694 公里和 64738 公里的圆形轨道上绕冥王星转动，绕转周期分别为 24.86 日和

38.21 日。在冥卫一绕冥王星转 12 圈期间，这两颗卫星分别绕冥王星转 2 圈和 3 圈，即轨道运动存在 6∶1 和 4∶1 共振。估计冥卫二和冥卫三的长与宽分别为 42 公里×36 公里和 55 公里×40 公里，它们的质量小于冥卫一的 0.3%。

图 9.16 新视野飞船拍摄的冥卫一高清像（2015 年 7 月 13 日）

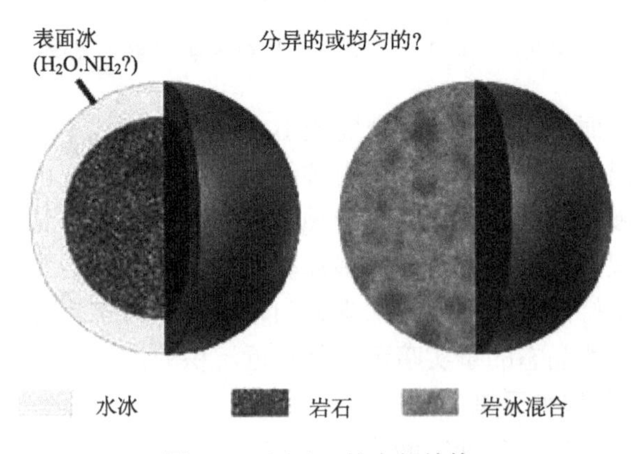

图 9.17 冥卫一的内部结构

2011 年和 2012 年，哈勃空间望远镜发现了冥卫四和冥卫五。冥卫四和冥卫五分别在半径 57783 公里和 42656 公里的圆轨道绕冥王星转动，绕转周期分别为

32.1 日和 20.2 日，估计它们的直径分别约 13～34 公里和 10～25 公里。冥王星卫星的大小如图 9.18 所示。

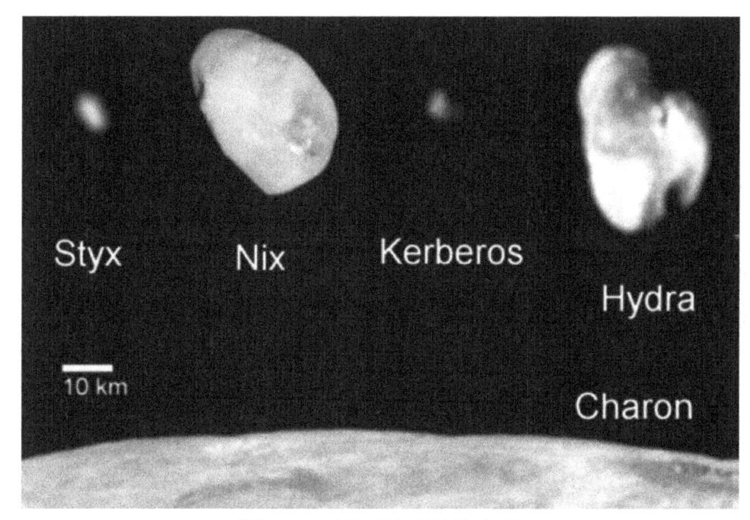

图 9.18 冥王星卫星的大小

5. 阋神星、鸟神星和妊神星

近年来，人们发现了几颗跟冥王星大小相当的柯伊伯带或弥散盘的天体，其中鸟神星和妊神星在 2008 年 7 月 11 日被国际天文联合会正式划归为矮行星，另几颗是候选者（如图 9.19）。

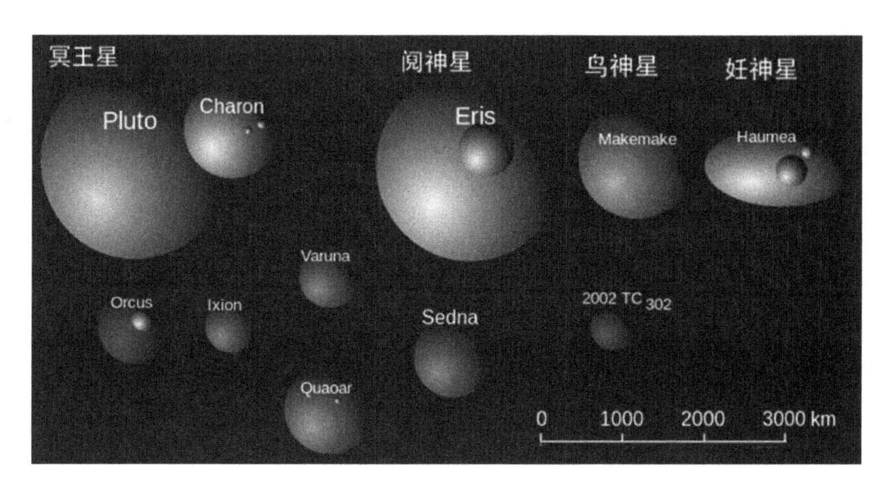

图 9.19 柯伊伯带的矮行星和候选者

1）阋神星

2005 年 1 月 5 日发现一颗大的海（王星轨道）外天体，实际上，早在 2003 年 10 月就拍摄到它，直到 2005 年才知道这颗天体比冥王星远得多，也比冥王星大，暂时称为 2003 UB_{313}，按惯例赋予它正式的小行星编号并永久命名为（136199）Eris，这颗矮行星的中译名为“阋神星”。在希腊神话中，Eris 女神挑起了女神们的不和与纷争。

阋神星的公转轨道是较扁的椭圆（如图 9.20），轨道半长径为 67.67AU，轨道周期 557 年，轨道偏心率很大（0.442），近日距和远日距为 37.91AU 和 97.65AU，轨道对黄道面的倾角也大（44.19°）。它可能是从柯伊伯内带被转移到外面的弥散盘的。2005 年，哈勃空间望远摄得阋神星像，测其直径为 2397 公里。再结合其亮度，推算出其反照率高达 0.96，这可能是由于它的温度随着离太阳的远近变化而使表面冰更新所致。2007 年，Spitzer 空间望远镜测得它的直径为 2600 公里。天文学家推测，阋神星的自转轴现今朝向太阳，太阳照射半球暖于平均，红外测量的反照率偏高。从 2010 年阋神星掩恒星观测得出它的直径为 2326 公里。由其卫星 Dysnomia 的绕转资料，已准确推算出阋神星的质量为 16.7×10^{22} 千克，平均密度为 2.5 克/立方厘米。阋神星也是冥王星那样由岩石和冰组成的天体，但阋神星的密度较大，因而岩石物质应较多。阋神星内部可能也有类似于冥王星的岩核、冰幔结构，但放射元素衰变加热模型推测：在其核-幔边界应有液态水的内部海洋。

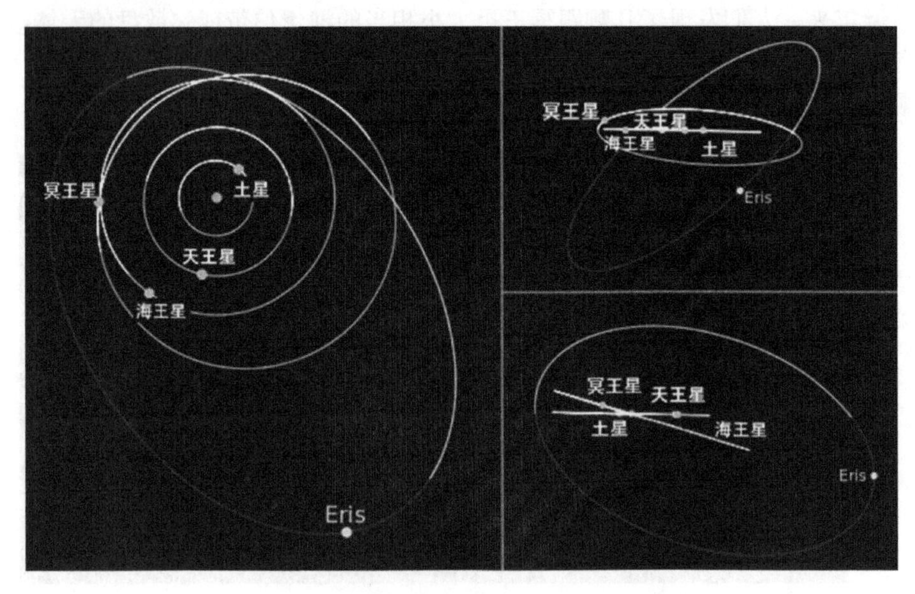

图 9.20　阋神星的公转轨道（浅线在黄道面之下）

2005 年 1 月 25 日，北双子望远镜观测了阋神星的红外光谱，显示其表面覆盖甲烷冰。目前还不能够观测到它的表面细节。与冥王星呈现略红色（可能由于表面沉积索林）不同，由于阋神星离太阳更远、凝聚其表面的甲烷完全覆盖索林，因而几乎呈白色。然而，阋神星的某些甲烷冰也可能变暖而升华，形成其大气并逃逸。

2005 年，凯克天文台“自适应光学系统”拍摄阋神星时，发现一颗相伴的暗淡天体——它的卫星（如图 9.21），后赋予它编号并命名为（136199）Eris I（Dysnomia），在神话中，Dysnomia 是 Eris 的女儿。该卫星约比阋神星暗 50 倍，估计其大小约 250 公里，离阋神星约 40000 公里，每 2 星期左右绕阋神星转动一圈。

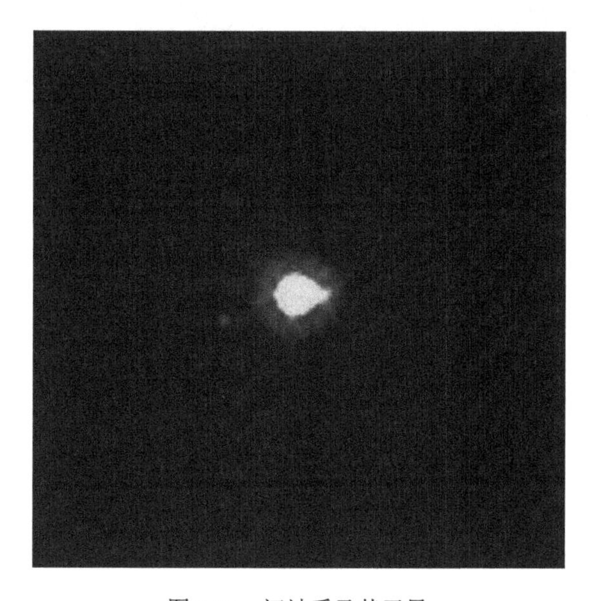

图 9.21　阋神系及其卫星

2）鸟神星

2005 年 3 月 31 日，布朗（M. E. Brown）小组在帕洛马天文台发现柯伊伯带天体 2005 FY_9，并于 2005 年 7 月 29 日公布，后来按惯例编号命名为（136472）Makemake，Makemake 是智利神话中创造拉帕努伊文化或复活节文化之神，该星中译为“鸟神星”。

鸟神星的公转轨道半长径为 45.79AU，轨道周期 309.9 年，轨道偏心率 0.159，轨道对黄道面的倾角 28.96°（如图 9.22）。

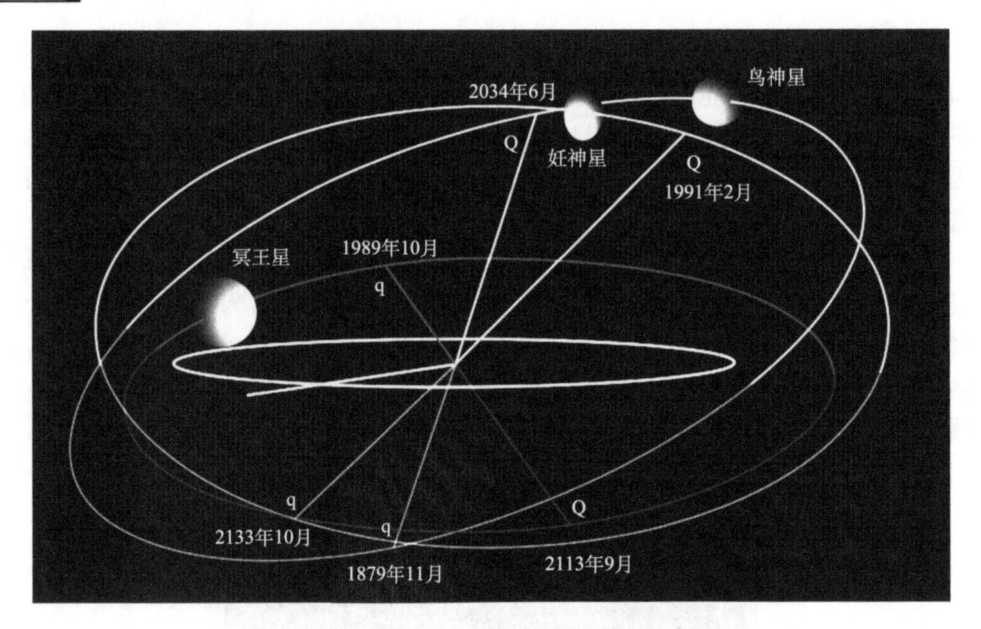

图 9.22　鸟神星、妊神星和冥王星的轨道

从它的亮度、其可见光-红外光谱与冥王星的相似性，估算其直径为 1360～1480 公里，从它在 2011 年掩星测得其形似扁球，两轴长为 1502 公里与 1430 公里。光谱的相似性也表明它们表面类似，鸟神星的近红外光谱有甲烷（CH_4）的宽吸收带。其表面光谱的分析揭示，存在至少 1 厘米大的颗粒；也有大量的乙烷和索林，大多可能是太阳辐射“光解”甲烷而产生的。虽然其表面存在有氮冰的证据，至少是跟其他冰混合的，而没有像冥王星外壳那样氮超过 98%的区域。空间望远镜对其表面的远红外（24～70 微米）和亚毫米（70～500 微米）观测揭示，其表面是不均匀的，虽然其表面大多被氮冰和甲烷冰覆盖（反照率 78%～90%），占 3%～7%表面是小片的暗地貌。

鸟神星可能有相似于冥王星在近日点附近时的甲烷和氮大气，但表面气压较低。2011 年 4 月 23 日，鸟神星掩星观测表明，鸟神星缺少显著的大气，如果有氮，就是主要成分。由于鸟神星的重力弱于冥王星，大量的氮经其大气逃逸，因而可以自然地解释鸟神星的氮匮乏。甲烷轻于氮，但在鸟神星的表面温度范围（32～36K），蒸气压较低，因而不易逃逸，导致甲烷的相对丰度较大。

2015 年 4 月，哈勃望远镜才首次捕捉到它的卫星 S/2015（136472）1——昵称 MK2（如图 9.23）。据美国西南研究所的天文学家提供的数据，MK2 距离鸟神星约 2 万多公里，绕转周期约 12 日，其直径约 160 公里，表面很暗。

3）妊神星

妊神星分别由布朗小组于 2004 年 12 月和奥提兹（J. L. Ortiz）小组于 2005 年

7月独立发现，后来按惯例编号（136108）Haumea，它是以夏威夷生育之神命名的。

图 9.23 鸟神星及其卫星（箭头所指）

它的轨道是柯伊伯带经典轨道，轨道半长径为 43.13AU，轨道周期 283.28 年，轨道偏心率 0.195，轨道对黄道面的倾角 28.22°。它跟海王星轨道运动有弱的 7∶1 共振。

从其亮度变化得出，它的自转周期为 3.9 小时。由于自转快，形状呈三轴约 1960 公里×1518 公里×996 公里的扁椭球。考虑自转和亮度变化，估算其密度为 2.6～3.3 克/立方厘米，可能是覆盖较薄层冰的硅酸盐岩石体。

2005 年，双子和凯克望远镜拍摄它的光谱，显示其表面有与冥卫一表面类似的结晶水冰的特征，反照率为 0.6～0.8，应当是较近更新的。然而，其可见光和红外光谱的进一步研究表明，其表面均匀覆盖 1∶1 的无定形冰和结晶冰，有少于 8%的有机物。上述情况说明，1 亿多年前其表面发生过陨击事件。其亮度的某些变化也表明表面不均匀，一个大的暗红区可能是陨击特征。

妊神星有两颗小卫星：（136108）Haumea I——妊卫一和（136108）Haumea II——妊卫二。妊卫一是 2005 年 1 月 26 日发现的外卫星，其直径约 310 公里，在近圆轨道每 49 天绕转一圈，其红外光谱在 1.5～2 微米的强吸收特征表明其大部分表明几乎由纯结晶水冰覆盖；它的反常光谱及类似于妊神星的吸收线说明，它是妊神星的碎块。妊卫二是 2005 年 6 月 30 日发现的内卫星，其质量约前者的 1/10，在扁椭圆轨道每 18 天绕转一圈，轨道对前者倾角 13°。

4）候选的矮行星

按照国际天文学联合会（IAU）关于矮行星的定义，在小行星主带中，除了谷神星是合格的矮行星外（即使是质量第二大的灶神星历史上可能经历流体静力平衡（近球）形状而符合矮行星定义，但现在形状很不规则而不能作为矮行星），其他的主带小行星都更不符合矮行星定义；在海外天体中，已有四颗（冥王星、阋神星、鸟神星、妊神星）被确定为矮行星，还有很多颗柯伊伯带天体和弥散盘天体可能符合矮行星的定义，可作为候选的矮行星，在观测和研究资料充实后，才会被确认为矮行星。

2010 年，堂克莱迪（G. Tancredi）向 IAU 提出 46 颗候选矮行星的评估报告，它们的直径都大于 150 公里，推荐 15 颗候选者，最可能的是 Sedna、Orcus、Quaoar 三颗。同时期，布朗（M. Brown）小组考查了大量海外天体，按候选可能程度高低分为六类：几乎肯定的，直径大于 900 公里的 10 颗；很可能的，直径大于 600 公里的 16 颗；可能的，直径大于 500 公里的 23 颗；或许可能的，直径大于 400 公里的 47 颗；也有可能的，直径大于 200 公里的 298 颗；不可能的，直径小于 200 公里的。

表 9.1 列出六颗最被看好的候选矮行星的资料，它们的大小和形状绘于图 9.19。它们的发现研究都有各自的趣闻。例如，布朗小组系统地用帕洛玛天文台的 Oschin 望远镜搜寻大的柯伊伯带天体，终于在 2002 年 6 月初发现 2002 LM$_{60}$，它比冥王星小，以洛杉矶地区原住的通格瓦（Tongva）部族神话的创世之神 Quaoar 命名，所以中文的正式译名为“创神星”，国际天文联合会给予小行星编号 50000。他们在 2004 年 2 月 17 日发现了柯伊伯带天体 2004 DW，后来也在 1951 年 11 月

表 9.1 候选矮行星的主要特性

（编号）命名	轨道特性				物理特性					
	轨道半径（AU）	轨道周期（年）	偏心率	对黄道倾角（°）	直径（公里）	质量（×10^{21}千克）	密度（克/立方厘米）	自转周期（日）	表面温度（K）	卫星数
（90482）Orcus	39.17	245.18	0.227	20.57	917	0.63	1.5	0.55	<44	1
（307261）2002 MS$_4$	41.931	271.53	0.14135	17.693	934	1.87	—	?	≈43.5	0
（120347）Salacia	42.1889	274.03	0.10312	23.9396	854	0.45	1.16	0.25	—	1
（50000）Quaoar	43.405	285.97	0.039	8.00	1110	1.4	—	0.74	≈43	1
（225088）2007 OR$_{10}$	67.21	550.98	0.500	30.70	1280	?	—	?	—	0
（90377）Sedna	518.57	≈11400	0.853	11.93	995	≈1	—	0.42	≈12	0

8 日的底片上查到了它，被命名为（90482）Orcus，是颗冥族天体，锁定于跟海王星 1∶3 轨道共振，后于 2005 年 11 月 13 日发现它有颗较大的卫星 Vanth。（307261）2002 MS_4是 2002 年 6 月 18 日发现的，还没有正式命名。（120347）Salacia 是 2004 年 9 月 22 日发现的延展弥散盘天体，2006 年 7 月 21 日又发现它的一颗卫星 Actaea。

2016 年 2 月，分析夏威夷的加法望远镜所摄照片，发现一颗新的矮行星 2015 RR_{245}，它比海王星远 20 倍（如图 9.24），直径约 700 公里。

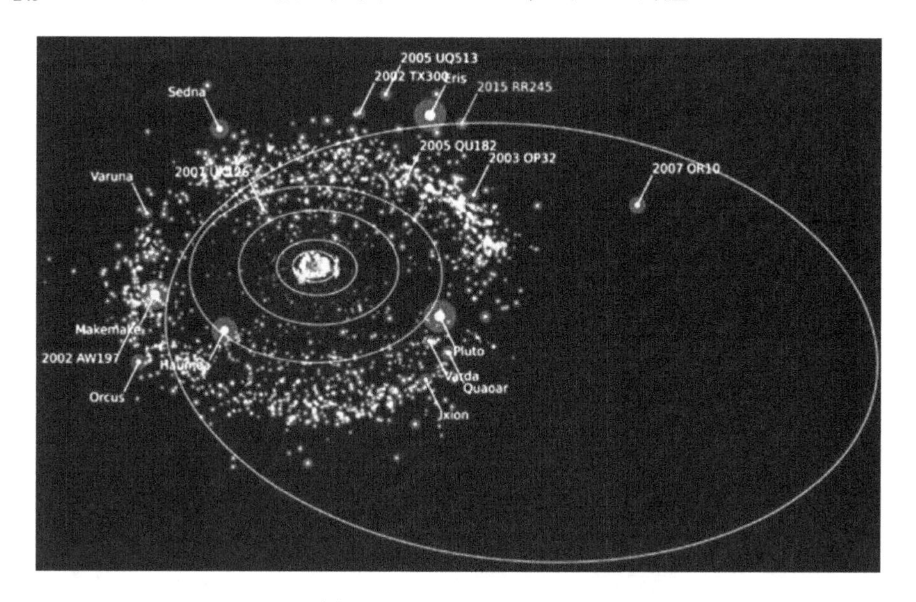

图 9.24 2015 RR_{245} 的轨道

十、太阳系的起源与行星的形成

如前面所述，小行星几乎遍布太阳系的行星际，在内太阳系的是岩体小行星，在外太阳系的是冰体小行星，而在外行星区还有介于两者之间的人马怪天体。它们是怎样起源演化的？显然，作为太阳系的成员，它们的起源演化必然跟太阳系、尤其是太阳系行星的起源演化总过程有密切联系，它们又跟宇宙演化有关。因此，需要简要地阐述宇宙演化，尤其是太阳系起源与行星形成的研究进展情况。

先来简单介绍一下宇宙天体的形成演化（如图 10.1）。根据观测研究，我们的宇宙或始于 138.2 亿年前的“大爆炸（Big Bang）”，初期是温度高达 10^{32}（亿亿亿亿）K 的量子混沌。在最初 5 秒钟之前，宇宙的主要成分是辐射（光子）和实物粒子（质子、中子、电子、中微子等），光子数目比实物粒子多得多（约 10

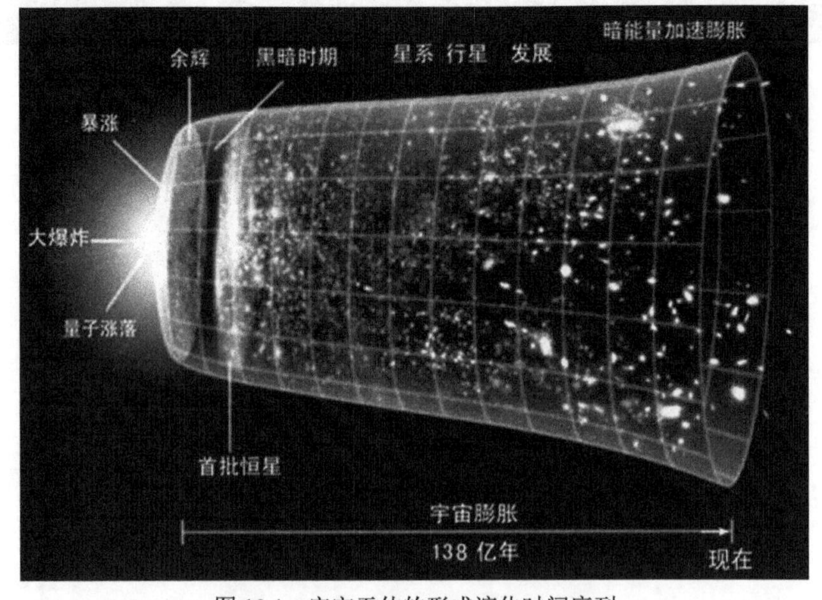

图 10.1　宇宙天体的形成演化时间序列

亿：1）；随着宇宙膨胀，温度降到 10^9K 以下，质子和中子可以相互结合而先后形成氘（D）、氦（He）、锂（Li）、铍（Be）等少数的宇宙核合成轻核素（即原子核）；到约 3 分钟，温度下降到 10^8K 时，宇宙变得弥漫而不能合成较重核素；随后生成中性原子；到约 38 万年后，温度降到 3000K，宇宙转到物质为主时期；到 1 百万年，宇宙变为透明，遗留下来的宇宙背景辐射随宇宙膨胀而红移为 3K 背景辐射*；到约 2 亿年，在宇宙物质密集区形成第一代恒星及星系。恒星内部的氢氦聚合而逐步形成重元素；恒星演化晚期爆发，抛出的物质参与下一代恒星的形成。银河系形成于 132 亿年前（即大爆炸后的 6 亿年）。太阳是第二代之后的恒星，太阳和行星约形成于 46 亿年前。

1. 太阳系起源现代星云说概述

“太阳系起源”是最先被提出的天体演化问题，但在二百多年的探讨中，众说纷纭，主要原因是只有太阳系一个“样品”，而且是经历了严重演化后的现状，只留下很少其早期形成和后来演化过程的遗迹。现代的太阳系起源研究主要从两方面着手：一方面，从现有太阳系观测资料出发去逆推可能的太阳系形成过程，太阳系小天体（小行星、彗星，尤其陨石）的演化程度较小，因而较多地保留下其形成与早期演化的遗迹，为追溯太阳系形成过程提供可贵线索；另一方面，借鉴恒星形成及其早期演化的观测资料和理论研究，来探讨太阳系形成的可能条件和过程，在某种意义上说，行星系就是某些恒星形成过程的伴生结果或“副产品”，尤其是环绕其他恒星运转的行星或原行星盘的观测研究取得了重大进展。综合这两方面资料，提出合理的假设，进行理论研究，可导出一些结果，并经过观测事实检验而不断地修正和发展太阳系起源的研究。

太阳是一颗普通的中年恒星。近些年来，通过不同年龄恒星的大量观测资料的综合分析和理论研究，得出了恒星形成演化的一般规律，尤其是太阳型恒星的一生演变历史。现今，太阳系起源研究进入新的发展时期，不仅取得了大量有关观测资料，其理论研究也更加深入。现代流行的是新星云说，基于新星云说的太阳系形成过程示意于图 10.2。

原始（太阳）星云是一个星际云碎裂的气体-尘埃“云核”之一，有初始自转，之后自吸引收缩变密，其中心部分形成太阳。星云收缩中自转变快，惯性离心力变大，外部扁化为星云盘，盘中的凝固物质先聚集形成星子（plnetesimals），经

---

* 3K 背景辐射：即 3K 宇宙背景辐射。宇宙背景辐射是来自宇宙空间背景上的各向同性或者黑体形式和各向异性的微波辐射，也称为微波背景辐射。宇宙微波背景辐射产生于大爆炸后的三十万年。大爆炸宇宙学说认为，发生大爆炸时，宇宙的温度是极高的，之后慢慢降温，大约还残留着 3K 左右的热辐射

吸积（accretion，即相互碰撞并结合）增长而越来越大，形成行星胎（planetary embryos），它们撞击并吸积增长为各种行星体。

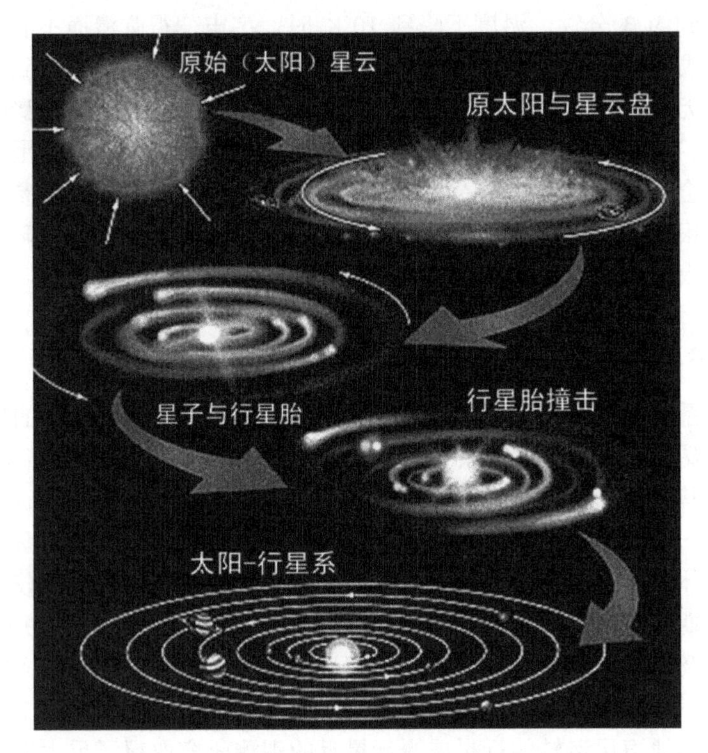

图 10.2 现代星云说的太阳系形成过程示意

陨石中“富钙铝包体（CAIs）”是太阳星云最内区的最古遗留物，经放射性同位素测定，其年龄为 45.68 亿年，常取其作为太阳系的标准开始时间。

太阳星云的质量一般由现在太阳系所有天体的总质量（约 1.002$M_\odot$）、再加上太阳早期的强太阳风及从星云盘逃离出太阳系的物质质量来估计，各研究者估计的结果不一，一般估计星云盘质量小于 0.2$M_\odot$，现在常以林忠四郎的最小质量星云盘（MMSN）为准。作为借鉴参考，金牛 T 型星的原行星盘典型质量为 0.01$M_\odot$，半径约 1000AU。原始星云的半径起初可能达 10 万 AU，但因物质向中心自由下落而主要集中在几百 AU 范围内。

太阳星云转动的初始角动量应大于太阳系现在的角动量（3.155×10^{50}CGS 单位），但不会超过 10^{53} CGS 单位，否则会形成双（恒）星而不是单一太阳。它来自于星际分子云内的湍流运动，可能就是现今太阳系角动量矢量方向。在太阳星云演化为太阳和星云盘以及形成行星的过程中，会由磁制动、湍流黏滞和对流等机制而发生角动量转移。年轻恒星的高分辨观测结果显示，其原行星盘相当普遍地有环和螺旋结构且存在引力不稳定性，太阳星云的星云盘演化或也类似。现在常用星云薄盘模型进行研究，也有星云盘的三维结构研究（包括多种物理和化学的复杂过程，角动量转移到太阳系外），但各阶段具体情况还待更进一步研究。

图 10.3 为星云盘的一种模型。一般而言，从星云盘内区到外区，（气体-尘埃）总的面密度和温度逐渐减小，厚度增大。但就凝固颗粒而言，类地行星形成区的主要固体是尘埃颗粒，“雪线”在小行星形成区外部，星云盘外部各种冰物质也依次凝结为固体颗粒。因此，木星和土星形成区起初就有较多的行星“建造材料”，可很快吸积为大星子，进而形成行星胎。此外，星云盘中面上下有分层。

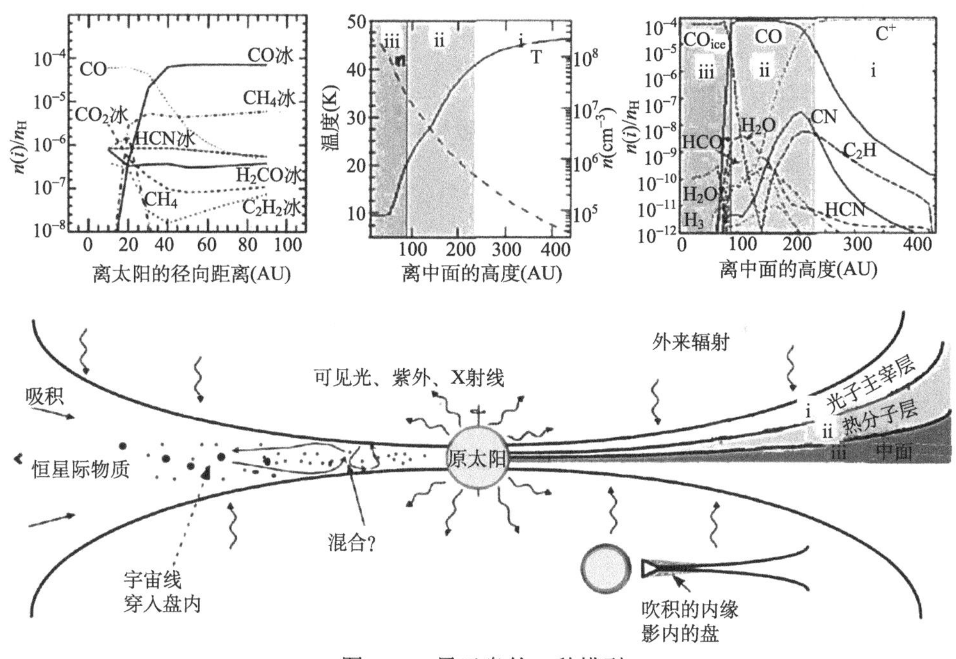

图 10.3 星云盘的一种模型

2. 行星形成的标准模型

现代一般采用行星形成的标准模型将行星的形成过程分为四个阶段：①星云盘中的固体颗粒聚集和沉降；②在薄星云盘中面，由固态颗粒聚集形成星子；③星子吸积形成行星胎；④很大的行星胎也常称为原行星（protoplanet），它们撞击而聚集形成类地行星。类木行星还吸积大量星云盘气体，并自吸引坍缩为它们的中层和外层。

星云盘物质基本上是宇宙丰度的，由气体和尘埃组成，虽然固体颗粒不是主要组分，但它们是行星的基本“建造砖块”。从固态颗粒聚集形成星子、再聚集为行星体是涉及很多因素的复杂过程，近年来，实验模拟、理论模型研究和原行星盘的多种观测都取得新的进展。

星云盘中的初始固体颗粒很小（约 1 微米），颗粒碰撞结合而形成几厘米的聚合体。在太阳引力的垂直（盘面）分量和盘物质的引力作用下，尘（冰）颗粒向盘的中面沉降。同时，颗粒之间碰撞可以结合为较大颗粒，即颗粒吸积而增长。于是，尘（冰）颗粒边沉降边增长，在盘中面附近形成密度大的“尘（冰）层”。颗粒很快地（在 1AU 处约 100～1000 年）增长到米量级大小。但是，由于它们跟小颗粒高速碰撞，漂移到达很热的内区就蒸发而消失，因此进一步增长遇到困难，成为“米大小障碍”的未决问题。图 10.4 给出了颗粒成长为行星的历程。

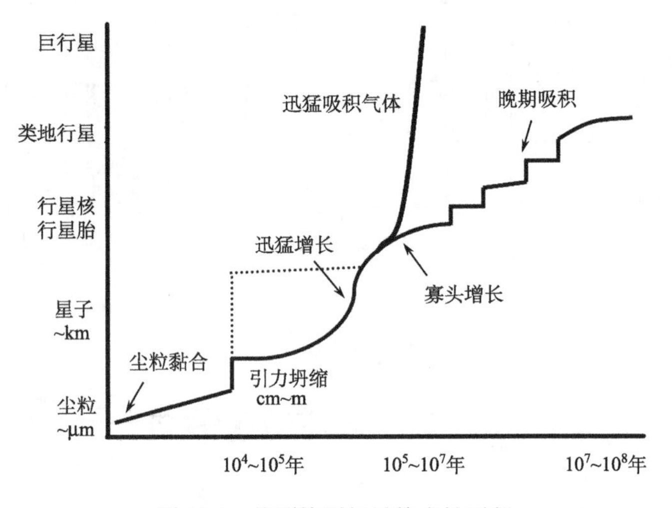

图 10.4　从颗粒到行星的成长历程

星云盘中面的密度大，局部颗粒团可以满足引力不稳定判据而自吸引坍缩，形成 1～10 公里大的固体星子。较大星子受气体影响小，漂移慢，由于有足够引力场而更有效地吸积增长。然而，固体颗粒是开普勒速度的，层间的速度差产生湍流，搅混颗粒层，一直到沉降与湍流达平衡，这就妨碍了颗粒密度增大而出现引力不稳定性。但是实际上，半数的年轻恒星有尘埃碎屑盘，说明发生了星子增长。

当星子达公里大小以上，它们之间的引力作用就重要了。星子碰撞而结合为更大星子。星子的相对速度受引力弥散而增大，受撞击而减小，这两种过程的平衡导致相当的特征弥散速度。长程引力导致动能（动力学摩擦，dynamical friction）和角动量（黏滞搅拌，viscous stirring）的交换与再分配。不同大小的星子之间的动力学摩擦使大星子的速度减小，使小星子的速度增大；同等大小的，初始增长缓慢而有序，但随着时间推移，会形成一些较大的星子。从星子到行星胎-原行星的增长过程是很复杂的。类地行星形成于星云盘内区，大星子吸积其所相遇的固态物质而增长，开始较缓慢而有序，随后，由于小星子相遇而变为偏心的倾斜轨道，更易接近大星子而被吸积，大星子“迅猛增长”为行星胎。对于最小质量星云盘（MMSN）的 1AU 附近，公里大小的星子仅约一万年就吸积而迅猛增长到 $10^{-3}\,M_{\oplus}$（地球质量）。

随着行星胎迅猛生长，周围可吸积的物质减少，胎生长逐渐减缓。大行星胎开始超过小星子的黏滞搅拌，而减少的小星子的动力学摩擦变弱，导致弥散速度增大。随机速度的增大和面密度的减小导致大胎的增长减慢到有序速率。但是，当行星胎的质量生长到典型星子的千倍，它的引力摄动就较重要了。于是，行星胎进入“寡头”混沌撞击生长阶段。结果，邻近行星胎在径向的间距变规则，各自吸积其“供养（环）带”的固态物质，成为孤立“寡头”。

对于最小质量星云盘（MMSN），在短于星云寿命的时标就形成月球到火星（0.01～0.1 $M_{\oplus}$）大小的寡头。盘中若含有多于 MMSN 的固态物质，就会在更短时标产生更大质量的寡头。

一旦类地天体的质量达到约 0.01 $M_{\oplus}$ 以上，它们就会显著地扰动附近气体，形成螺旋密度波。在一个行星胎及其螺旋波之间的引力相互作用使行星胎的轨道偏心率和倾角径减小，角动量的转移使轨道半长径长期减小，净结果是行星胎损失角动量而发生 I 型迁移。密度波衰减变为圆轨道的时标很短。最后，寡头系统失去稳定，它们的相互作用使得它们的弥散速度变为相当于逃逸速度，进入约 10^{7}～10^{8} 年的混沌增长阶段，即由巨撞击和继续吸积星子而增长为类地行星。

3. 行星形成的数值模拟

虽然人类一直掌握着较多类地行星的资料，但长期以来，其形成过程仍难以捉摸，直到近几十年来才取得较显著的进展：一方面，由于取得了它们及其前身——陨石的大量化学和同位素的准确资料，从而锁定了它们吸积形成演化的年代；另一方面，随着计算机技术的快速发展，人们可在理论分析的基础上，利用计算机准确模拟它们吸积形成的动力学过程。

计算机数值模拟有两种方式：一种是统计方式计算，常用平滑质点动力学（smoothed particles hydrodynamics，简称 SPH）方法和网格基（grid-based）方法，长时间跟踪碰撞增长（包括尘粒的碰撞破碎和演化），这种方法用于前三阶段的统计是准确的，且大尺度相互作用很小；另一种是直接的 N 体计算，虽然计算费时，但可以跟踪关键的动力学现象。

图 10.5 给出了 Kenyon 与 Bromley 的模拟。由 5 公里大小星子开始，假定撞击导致合并，且用直接的 N 体模拟生成超过 0.01 $M_{\oplus}$ 的行星；迅猛生长仅在约 10^{4}

年就成为第一个这样大的行星。由图 10.5（a）可明显地见到，在混沌增长阶段，寡头相互摄动到交叉轨道。10^8 年后，在 0.4～2AU 的三颗行星多于 0.5 $M_\oplus$，另三颗少于 0.07 $M_\oplus$（如图 10.5（b））。

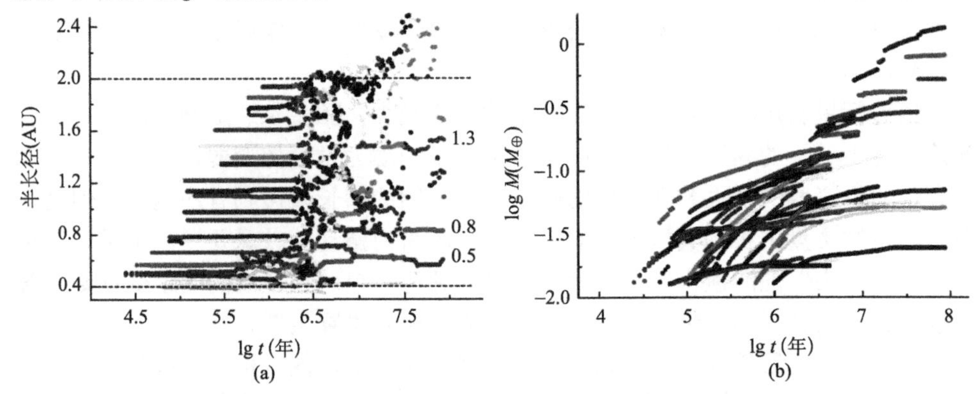

图 10.5 从 5 公里星子到行星形成的混杂模拟（初始面密度为 8 克/立方厘米）

（a）轨道半长径随时间的演化，到 10^8 年有三颗最终的行星达 $M_\oplus$ 级；（b）质量随时间的演化，孤立跳跃表明有大事件

类地行星形成的数值计算得到几个有益结果。从寡头增长到混沌增长和最后吸积时期经约几百万年～8 千万年结束，这跟放射年代测量得到的地球形成时间相当。放射年代测量估计类地行星形成晚期的严重陨击发生在太阳形成之后约 1 亿～6 亿年，但数值计算表明行星早在这之前就已完全形成。遍及混沌增长和扫清星云盘时期，数值计算都得到很多有大偏心率轨道的月球-火星大小的行星体，它们就是撞击地球而产生月球的最好“忒伊亚”*弹体候选者。更完善的、可以预计质量和偏心率分布的数值模型可以更好地估计这些撞击事件的概率。至今，只对太阳系进行了行星形成模型的检验；近年发现或未来会发现其他恒星的原行星盘和处于形成各阶段的行星，可以更多地检验行星形成模型。

随着行星胎不断长大，由于撞击释放的动能和短寿命放射同位素（如 ^{26}Al、^{60}Fe）的衰变能的加热作用，行星胎温度升高，会发生熔融和分异。铁与亲铁元素沉降到中心区而形成星核，而较轻的硅酸盐形成幔。而后将继续吸积物质（约占总质量的 1%），所以地球外部仍有亲铁元素。

类木行星形成的早期阶段跟类地行星相似，从星子开始，随后进行迅猛的和“寡头”的生长。但因“供养带”温度低，且处于“雪线”之外，水和其他物质

* 忒伊亚：太阳系内曾经还有一颗行星，它的名字叫做“忒伊亚”（Theia）。科学家推测这颗行星与地球发生碰撞才形成现今的月球。目前，美国宇航局发射的两个宇宙探测器计划搜寻忒伊亚的残骸物质，进而揭示月球的神秘起源之谜

凝结为固态，而木星和土星区有更多固态物质来形成大的行星胎-星核，可更有效地吸积气体，使其大大超过原来质量，并坍缩为中层和外层及大气。数值模拟表明，1亿～5亿年就可以形成木星质量的行星。四颗巨行星（尤其是天王星和海王星）的轨道迁移更显著（如图10.6）。木星胎和土星胎的形成早于类地行星胎且体积大于类地行星，尤其是木星的轨道迁移会导致小行星区的星子增长停顿，对类地行星的形成也有影响（如图10.7）。

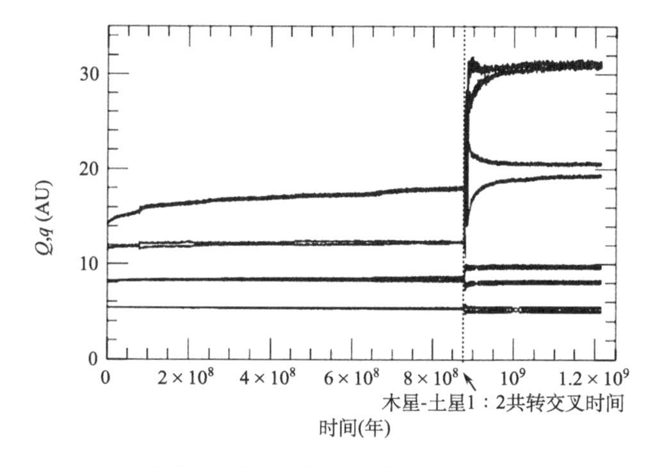

图10.6 四颗巨行星的轨道（近日距 q，远日距 Q）迁移

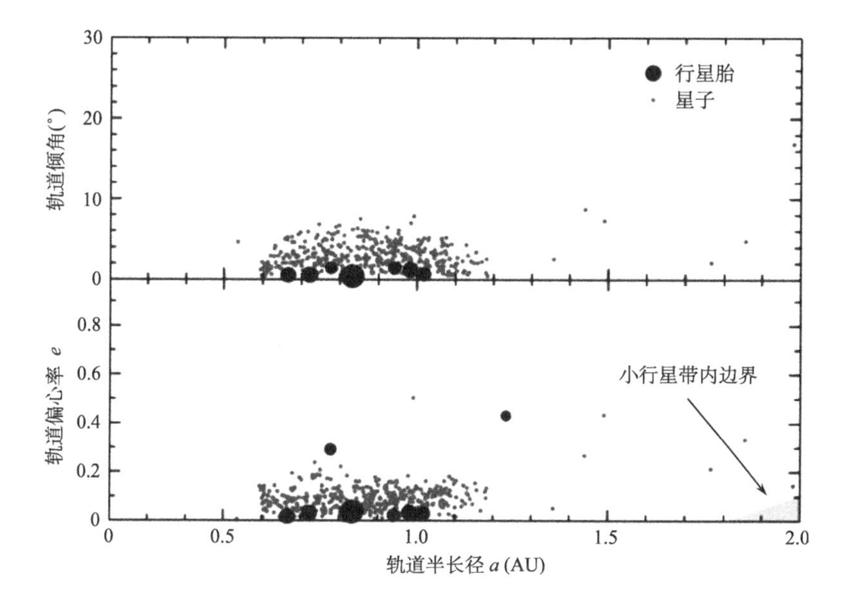

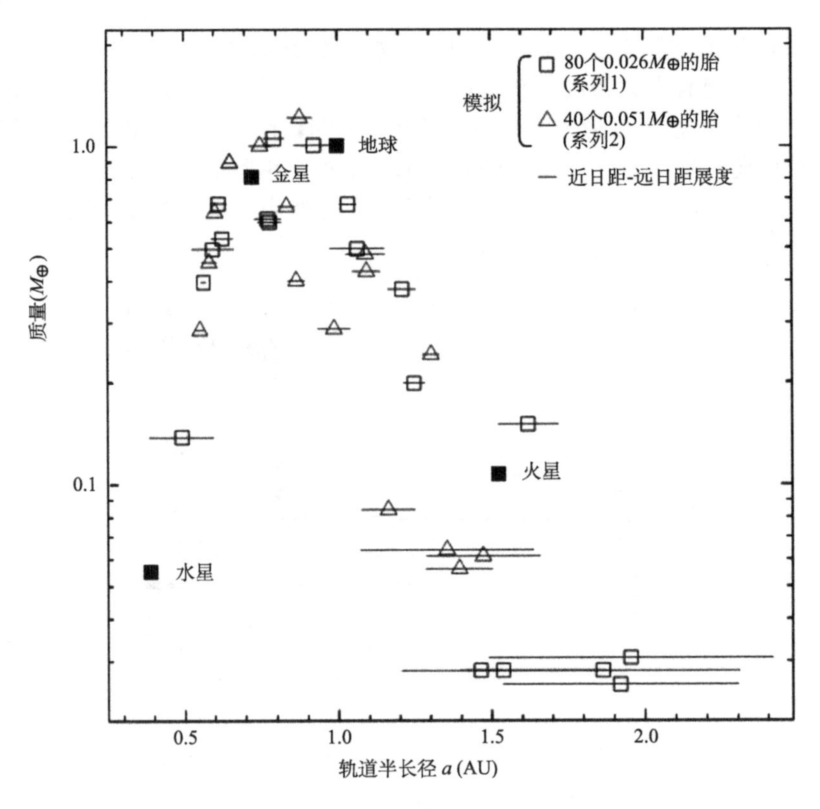

图 10.7　木星的轨道迁移影响类地行星的形成

近十年来，一些数值模拟得到了与实际情况相似的结果，包括行星的质量、自转角动量、轨道性质等：①类地行星的质量和轨道半长径模拟结果跟实际情况相似；②轨道偏心率和倾角模拟结果略大于实际值；③自转由最后的几次大撞击决定；④行星形成的时标为 1 亿～6 亿年，跟放射性元素测定结果基本符合。因此，类似于地球和金星的行星是寡头撞击生长的必然结果，而火星似乎是遗留的寡头。地球和金星的近圆轨道形成需基于额外的阻尼机制，可能是残余气体盘所施动力学摩擦或引力拖曳。与气体的其他相互作用驱使火星或更大行星的轨道（迁移）变小。

十一、主带小行星的形成演化

包括谷神星在内的主带小行星是小的类地天体，它们比类地行星的演化程度小得多，保留了其形成初期的遗迹，为探讨类地行星及整个太阳系的起源提供重要线索；另一方面，主带小行星中有很多经历了相当大的轨道动力学演化（特别是当受到行星的引力摄动以及当它们之间近相遇时），这类似于星子聚集为行星的过程。

1. 小行星起源研究的历史回顾

为什么在原始星云中这一区域里没有形成一个大的行星，而是形成许多小行星?为什么小行星主带的总质量这么小，是原始星云的这一区域里原来的物质就很少？若原来的物质并不少，物质又如何转移到其他区域？小行星的形成方式和过程是怎样的？如何解释小行星的物理性质和化学性质？这些都是探索太阳系起源需解决的重要问题。

在某些太阳系起源学说中，包括一些小行星起源的论述；专门探讨小行星起源的文献也很多，但其看法不一，内容繁杂，难于确切分类和详述。大体说来，可将小行星起源的假说分为以下三类：行星碎块说、衰老彗星说、行星的半成品说，下面对其进行简要介绍。

◆ **行星碎块说**

在发现第二颗小行星（智神星）后，奥伯斯在1804年首先提出行星瓦解碎块说，认为一个轨道半径为2.8AU的行星（母行星）由于某种作用而碎为多块，成为多颗小行星，由于总角动量守恒，它们轨道的交叉点就是母行星爆碎处。这一假说当时很盛行，但他没有谈爆碎原因。在很长时期，这类假说得到一些深入探讨，例如，1948年，捷弗里斯认为太阳系最初形成一两个较大的行星，由于自转不稳定而分裂为两个或更多的行星以及小行星和卫星等天体；1950年，奥尔特提出小行星区有一颗行星发生爆炸，不仅形成了许多小行星，也形成了彗星和陨石母体；费森科夫认为母行星曾经运动到离大行星（如木星）很近处，受到的引力梯度很大，其内部压力很快地减小，温度剧升而形成大量过热的气体，引起爆炸；布基林提出小行星起源于母行星多次爆炸的假说。但这些探讨都受到批评，总的说来，行星碎块说不能成立的原因有：①如果小行星由行星爆碎形成，那么各小行星轨道应交于爆碎点，而实际上并非如此，爆碎不会产生谷神星这样球形碎块；②如阿尔文所指出的，爆碎说不会导致大多小行星自转周期都在观测的2～18小时范围内，而是它们的自转周期应有更大的差别；③若这些小行星是来自一颗行星的碎块，便难以解释它们的显著化学差异，而陨石分析表明，其母体（一般认为是小行星）的直径只有几百公里，陨石矿物岩石结构与经过严重变质的地球物质大不一样；④小行星带的总质量远远小于一颗行星的质量，爆碎说不能解释那么多物质被转移掉（如被抛出太阳系）所需的能量来源，自转、潮汐及小行星的动能都远远不足；⑤爆碎原因的论据不足，不能解释为什么火星-木星轨道之间的行星爆碎，而其他行星不爆碎。

◆ **衰老彗星说**

这一假说最早是威廉·赫歇尔提出的，他认为当彗星物质长时间消耗后，其彗发变少而成为小行星。20世纪30年代，符谢斯比亚特斯基认为，彗星损失掉气体包层后就变成小行星；而鲍布罗夫尼科夫认为，所有小行星都由一个大彗星产生，这个大彗星被木星俘获，后碎散而形成所有小行星。但他们都未给出严格证明，未解释小行星的实际观测结果，也未说明彗星轨道（a、e大，有的逆行）是如何演变为小行星的轨道的。因此，这两个假说都遭到很多异议。但是，观测表明，有些小行星可能是彗星的残骸，如（944）Hidalgo。还有些人认为，小行星和彗星是同时起源的，他们不仅假定彗星和小行星起源有共性，而且不考虑彗星和小行星的性质差别，这比小行星由彗星形成的假说更难被认可。

◆ **行星形成的半成品说**

早在1836年，拉普拉斯认为火星-木星之间的气体环冷却收缩，凝聚为4颗小行星。1900年，弗赖西尼特按轨道半长径将小行星分为8个小行星群，认为火星-木星之间形成8个环各聚成小行星群。近半个多世纪以来，学界广泛认同“半成品”假说。例如，萨弗隆诺夫认为，在原始星云的木星形成区，挥发物也处于固态，固态物质的面密度比小行星区大2～3个量级，木星区形成的大质量星胎抛到邻近的小行星区，带走小行星区大部分物质，并增加残留体的相对速度，它们之间的碰撞结果不是结合而是碰碎，因而那里的行星体生长过程停顿下来，成为许多小行星；卡米隆认为，当原始太阳星云中大部分气体耗散掉时，湍动消失，一些残留固体物质沉降到中面，形成薄尘层，由于引力不稳定，这些物质聚成小行星大小的天体，后来，它们之间发生碰撞，变成几个较大的和众多小的小行星和彗星，引力摄动使它们落到行星或被俘获为卫星或逃出太阳系；阿尔文认为，“喷流”是从颗粒演化为行星的中间阶段，而小行星流正代表这种喷流，小行星区的物质密度原来就比邻近区小 5 个量级，因而演化时标长，受邻近行星（主要是木星）影响，未能吸积成大行星，并导致小行星主带空隙产生；普伦蒂斯论证，在星云盘中，介于类地行星和类木行星之间那个环的星子聚集需要 50 万年，而此时期强烈太阳风驱走了星云气体，星子流只能聚集为小行星。

总之，早期的多种小行星起源假说一般只是定性论述，缺乏定量分析。近些年来，小行星的观测资料日益丰富，小行星起源的研究进入定量分析时期，尤其是数值模拟。显然，小行星起源问题应联系整个太阳系起源才能得到解决，而各种假说中“半成品”说更为可取。

2. 我们的小行星起源研究

作为戴文赛教授太阳系起源研究的主要成果之一，辅以小行星是行星形成半成品说定量研究的例子，《新编太阳系演化学》概述了小行星起源有关现象和过程的定量论证，其要点如下：

小行星应当是太阳系形成总过程的一个必然结果，星云盘的小行星区初始质量并不小，而是在形成过程中转移到木星区。星云盘的温度分布等条件决定了小行星到木星的形成区是冰物质从不凝聚到凝聚的过渡区。在小行星形成区外部，尤其是在木星形成区，冰物质凝结为冰粒，成为固态可吸积物质——行星核的建造原料。由于木星区可吸积物质的面密度大，最初就形成了较大星子，而且生长快。木星区的大星子间的摄动和相遇改变了它们的轨道，使轨道偏心率较大的部分星子穿过小行星区，而这时小行星区的星子还不大，木星区过来的大星子吸积小行星区物质（包括星子）并带到木星区，最后结合于木星核中，于是小行星区可吸积物质少了，星子生长便停顿在“半成品”状态，不会生长为行星。而且，这些大星子的摄动使小行星区的遗留星子轨道变得多样化，从而更易发生碰撞而碎裂成小的小行星和陨石。

图 11.1 给出了从小行星内界 A 到木星 J 处的固态可吸积物质面密度径向分布，CC^+为水冰凝聚“雪线”，DD^+和 EE^+为 $NH_3 \cdot H_2O$ 与 $CH_4 \cdot 7H_2O+ NH_3$ 凝聚“雪线”。星云盘的气物质、冰物质和土物质所占质量比率分别为 98%、1.4%和 0.4%，水冰占冰物质的 3/7，因而“雪线”外的可吸积物质（土物质+水冰）是线内的（土物质）的 2.5 倍。星云盘中的凝结颗粒向盘中面沉降，形成“尘（冰）层”，密度增大，局部扰动导致不稳定而瓦解，聚成很多颗粒团，各团由自引力聚集成固态星子。雪线外的初始星子质量是线内的 8～60 倍。

木星区的星子生长到多大质量时，会因相互引力摄动而获得较大的相对速度，从而使部分星子改变轨道而经过小行星区呢？计算得出，雪线外的星子生长到 1.31×10^{23} 千克时，就会有部分星子轨道穿过小行星区中线 B 处；木星胎生长到

1.0×10^{24} 千克时，还会有部分星子轨道穿过火星区。

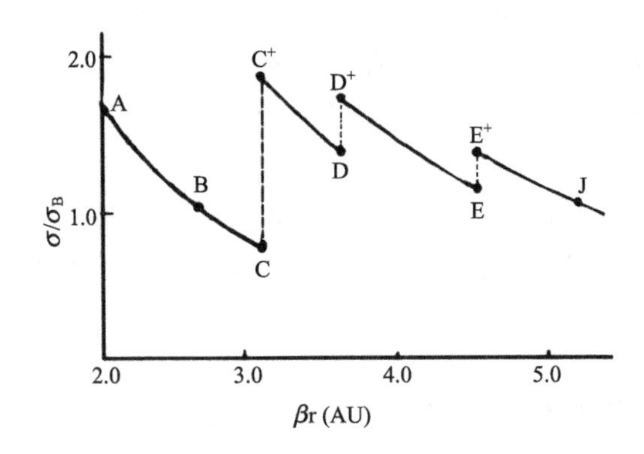

图 11.1 固态可吸积物质的面密度径向分布

计算表明，当木星区 C^+-D^+处的星子生长到质量 2.19×10^{22}～2.68×10^{22} 千克以上时，就会有部分星子的轨道穿过小行星区；而此时，小行星区（中线 B）的星子仅生长到 9.59×10^{15}～2.46×10^{20} 千克，它们也可以被木星区过来的大星子吸积带走，于是，小行星区的可吸积物质被转移到木星区，进而吸积到木星上。

鉴于小行星区的星子生长是关键而又复杂难解的问题，我们又借用阿尔文的“喷流”观点进行了计算，结果也证明小行星区的星子生长慢，它们也可以被木星区过来的大星子吸积带走。小行星区（中线 B）的星子仅生长到 9.59×10^{15}～2.46×10^{20} 千克，它们也可以被木星区过来的大星子吸积带走。

因此，小行星区的星子生长停顿为半成品状况，仅有几个生长到谷神星等几颗较大质量的小行星。木星区过来的大星子摄动小行星区的残余星子，使它们之间的随机速度增大到现今的 5 公里/秒，相互碰撞时破碎而成为形状不规则小行星，从而导致轨道多样化。

当木星区过来的较大星子与小行星区星子碰撞时，有些碎裂物质留在小行星区；由于小行星区温度较高，也会使这些星子被蒸发出的小部分物质留下来，后来可能又凝聚在小行星上。另外，在木星生长过程中，其摄动作用会使该区一部分小星子的轨道速度变小，以致变到在小行星区运行。这些因素可用以说明一些小行星有含水矿物或朦胧状外层（含“冰”物质及其蒸发物）的原因，以及碳质型小行星的来源；也可能“雪线”原来曾位于小行星形成区外部，更容易解释近年发现的轨道在“小行星主带”内形成的彗星。

几个近于球状的较大的小行星可能是保存下来的大星子。小行星区的某些残存星子可能是陨石母体，它们后来经历一次或多次碰撞碎裂，某些碎块成为陨石，在后来的轨道演化中，其轨道与地球轨道交叉而最终陨落到地球上，这可用以说明陨石与小行星在化学组成类型上的相似性。小行星碰撞产生的微屑将被太阳风驱走，而略大些的碎屑则因坡印廷-罗伯逊效应*最终落到太阳或内行星上。因此，现今小行星带的总质量很小。

特洛伊群小行星的性质与主带小行星不同。它们未必是从小行星主带过去的，而可能是木星区的残存星子，由于其特殊的动力学环境，而保持在与木星 1∶1 共振轨道上。按照我们关于星子聚集形成行星的观点，在太阳系内各处都有可能存在残存星子，它们成为小行星之类的天体，例如，地球轨道附近的小行星 1976AA 可能就是这种残存小行星，而未必是从小行星带里出来的。由于许多复杂的因素，对方法和条件做些改变，仍会得到基本相似的结论。

小行星区比木星区的物质角动量（质量）密度小，上述过程是否会因角动量带来困难呢？即：①木星区过来的星子吸积小行星区物质后，其平均角动量密度变小，那么，是否还会返回木星区？②小行星区物质转移到木星区并最终聚集到木星上，这是否使木星的平均角动量密度减少，导致木星轨道变小？对于前一问题，计算结果表明，吸积的物质、角动量密度及轨道半长径变化仅 10^{-3} 量级，因此星子返回木星区。对于后一问题，计算结果表明，部分星子轨道变为穿过土星区，它们仅需吸积土星区的 1/10 物质过来聚集到木星，就可以补偿小行星区物质转移的角动量影响。

3. 小行星起源的数值模拟

近些年来，人们开始采用计算机数值模拟来研究太阳系起源和早期演化，也包括小行星的起源和演化。

假定小行星形成区原来与类地行星区类似，在行星胎迅猛生长末期，形成亚月球到火星大小的行星胎，后来，因它们之间的引力相互作用和木星的影响而造成小行星带“（e，i）激发”和“清除”。虽然难以准确定量地给出小行星主带模拟结果，但可以大致提供满意的定性结果。

引入木星后，试验“质点”（小行星）动力学演化发生很大变化，位于平均运动共振外的孤立体发生 e 中等振幅的长期震荡而无径向迁移；强共振的 e 振幅变大，可以随机演化，有的轨道变为跟木星轨道交叉而抛到双曲轨道或撞入太阳。由于共振仅覆盖小部分空间，因而保留的小行星很少。除了木星，若还有一个或多个大质量胎，则会使半长径变为“随机散步”，于是，可以进、出木星共振的天体，每次经过共振就发生 e 和 i 的很大变化。1000 个试验“质点”模拟累加到

---

* 坡印廷-罗伯逊效应：光压使尘粒沿螺旋轨道缓慢落入太阳的一种效应。它起因于质点对辐射的吸收和发射。1903 年坡印廷在讨论物体在辐射场中的运动时最先指出这种效应的存在，1937 年罗伯逊用相对论导出并改进此效应的理论，因而得名

2100万年，3AU 之内的区域清空；到2700万年，达最终分布。其他模拟也都得到这样的结论：最后留在小行星带之外的、或少数留在小行星带实际较久的都是引进木星而很快倾角变大，于是跟木星的近相遇频数减少、相遇的相对速度大，因而它们的轨道稳定性增大。试验“质点”因行星胎的引力作用（尤其是近相遇）而改变轨道半长径，这可以解释不同类型小行星的径向混合。

虽然在1亿年后大多情况在小行星带仍留有胎，但它们一般（2/3）在类地行星增长结束（平均3.3亿年）时消失。总结试验质点（小行星）的条件和结果，留在小行星各带的数目很少，（小行星带外）类地行星区的小行星有较大的轨道偏心率和倾角，留在小行星带的小行星轨道半长径变化受限，但也有变化1AU或更大的。

总之，所有的模拟都清楚地表明，在木星达到现今质量后的1亿～2亿年就提供清除小行星带的机制，改变行星胎的初始分布，因而可以解释小行星带的主要特征、动力学激发（大的轨道偏心率和倾角）、质量匮乏和各类小行星混合。

在 O'Brien 等的新模拟中，假定木星和土星起初在圆轨道上，但模拟小行星带的激发和匮乏出现两个严重问题：即长期共振和在小行星带加入行星胎，都不足以在时标1千万～1亿年激发小行星的轨道偏心率和倾角以及使小行星带物质匮乏，因此还必须考虑木星和土星的轨道迁移才可以产生小行星带足够的激发和匮乏。他们采用外行星迁移的“尼斯模型（Nice Model）”发现以下情景：①外行星起初是很靠近的（都在离太阳15AU之内），它们的轨道是共面和近圆的；②它们的轨道在几亿年缓慢迁移，从～15AU向外扩展到30～35AU；③约6亿年后，木星和土星交会于相互2∶1“平均运动共振（MMR）”，触发“晚期严重陨击（LHB）”，俘获现在的特洛伊群小行星，很快地驱使外行星到现在的轨道排列。模拟计算小行星带的激发和匮乏，结果表明，约1千万～1亿年，行星胎就因相互摄动和跟木星及土星共振而驱出小行星带，大多数小行星也离开主带；留下的小行星仅占主带初始质量的百分之几，它们轨道的 e 和 i 的分布跟现在情况相当，但数目为现在的10～20倍。由于跟海王星外的大质量星子盘相互作用驱使约6亿年缓慢迁移后，木星和土星2∶1“平均运动共振（MMR）”而大大改变太阳系结构，木星和土星的轨道经几千万年迁移到现在状况，先前留下的小行星中约90%～95%被“清扫”出主带，它们成为月球“晚期严重陨击（LHB）”的撞击体；此期后留下的是现在的主带小行星，它们的总质量、轨道激发及不同类型小行星的径向混合跟实际观测结果相当。

Minton 和 Malhotra 研究主带小行星的轨道分布，发现在太阳系年龄的动力学稳定区，特别是跟木星5∶2、7∶3、2∶3共振的空隙外特别匮乏小行星，原因是木星和土星约40亿年前的轨道迁移期的引力共振抛走了那里的小行星。

各小行星群成员的轨道半长径分布主要是因为受行星引力摄动—轨道共振而

导致柯克伍德空隙分开，各成员的物理性质和成分缺乏密切关系。但某些小行星群的部分成员、甚至大多成员的轨道偏心率和倾角还限于特定范围（“聚类”）而构成小行星族。小行星族的成员小行星不仅有轨道特征的相关联系，而且有物理性质和成分的密切关系，观测资料的分析研究和数值模拟都证明，这些成员总体都是原来的母体小行星之间碰撞的破碎产物，而各族的形成演化又可分为不同情况：大多情况是母体破碎的，但有几族（Vesta、Pallas、Hygiea、Massalia族）的母体遭遇撞击事件时没有破碎，仅撞出大的陨击坑（盆地），抛出的碎块形成它们的族成员小行星——可称它们为“坑产族（cratering families）”；有些族（如Flora族）的结构复杂，暂时还没有满意的解释，很可能是该区在不同时间经历几次碰撞所致。

大多小行星族的成员有密切匹配的成分，很特别的是诸如Vesta族的成员是由大的分异母体形成。取决于各种因素（例如，较小的小行星更快地丢失），小行星族的寿命约10亿年级别，比太阳系年龄短很多，因而不是太阳系早期遗留的。由于木星和其他行星的摄动，族成员小行星的轨道缓慢耗散，因小行星之间碰撞为破碎为更多更小的天体，小行星族衰减。很多老的小行星族仅留下几颗最大的原成员，如9 Metis与113 Amalthea这对示例（从铁陨石的化学分析得到证据）。由不同年龄的小行星族成员可以得到小行星内部及其演化信息。

十二、柯伊伯带和弥散盘的形成

柯伊伯带和弥散盘的复杂结构目前尚不很清楚，有待于获得更多更好的资料来分析。但虽如此，对它们的形成还是有所研究的。类似于主带小行星是星云盘内区行星形成过程的半成品——岩体星子，可以认为，柯伊伯带天体是星云盘外区的半成品——冰体星子。

近年来，人们开始用计算机数值模拟柯伊伯带的形成。A. Morbidelli 用海外天体的轨道资料研究了它们（包括冥王星）的动力学结构。他假定行星轨道没有重大改变，把不跟海王星相遇的天体所在轨道空间区域（e 较小）称为“柯伊伯带（Kuiper belt）”，又将其细分为与海王星（3∶4、2∶3、1∶2）共振的和经典的柯伊伯带；把至少在太阳系年龄内可以与海王星在引力范围（希尔半径）内相遇的轨道空间区域称为“弥散盘（scattered disk）”，此区的天体现在轨道偏心率较大可能是动力学演化所致，因而不能提供原始构架的线索。此外，把 50AU＜a＜500AU 的区域称为“延展弥散盘（extended scattered disk）”（如图 12.1）。数值模拟表明，木星族彗星主要来自弥散盘，约 12000 年衰退为小行星外貌的“休眠体”。

柯伊伯带存在以下特性：①共振族 KBO；②经典 KBO 偏心率的“激发”；③不同物理性质的“冷族”和“热族”KBO 共存；④跟海王星 1∶2 共振处的外边界；⑤柯伊伯带的质量匮乏；⑥“延展弥散盘”。这些特性不能在现今太阳系框架内得到解释，应当是过去发生而今不再的机制所致。尝试多种可能机制，从柯伊伯带结构留下的踪迹来再构建太阳系的形成和演化。

现代模拟表明，柯伊伯带受木星和海王星的影响很大，而天王星和海王星都不是形成于现在所在处（因为那里的物质太少而不足以形成巨行星）。2005 年，在法国尼斯（Nice）进行国际合作的四位天文学家提出“尼斯模型（Nice model）”，论证了四颗巨行星原来形成于星云盘的 5.5～17AU 较窄范围，在星云盘的气体耗散后，它们发生很大的轨道迁移而来到现在的轨道。用尼斯模型可以很好地解释太阳系小天体（包括 KBO）的保存等问题。外盘内界的一些星子跟最外巨行星的引力相遇，交换角动量，星子改变到较小轨道，即巨行星使星子内移，而巨行星

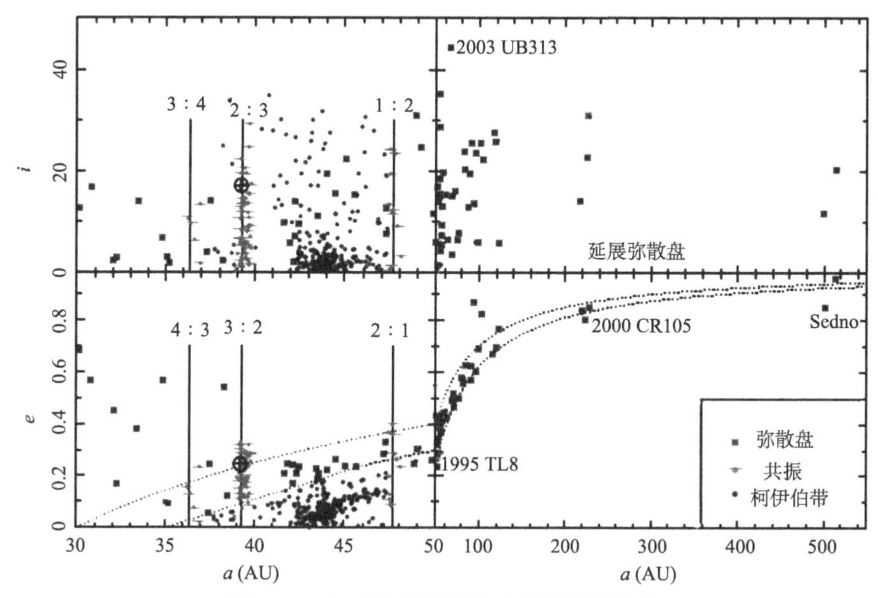

图 12.1　海王星轨道外的天体的轨道分布

则向外迁移轨道。内移的星子跟次外巨行星相遇，进一步内移。尽管每次相遇的迁移很小，但这样的过程接连发生，累积效应就变得很重要。于是，天王星、海王星、土星的轨道继续向外迁移很大。直到内移星子跟最内、也是质量最大的巨行星——木星相遇，其强大引力可以把星子送到偏心率很大的轨道，木星轨道则略向内迁移。几亿年的缓慢逐渐迁移后，木星和土星到达 2∶1 轨道共振，激发轨道偏心率增大，使得行星系变得不稳定，四颗巨行星的位形排列发生剧烈改变（如图 12.2（b）（c）），木星和土星趋向现在的稳定轨道，天王星和海王星被激发到偏心率较大的轨道。尤其是海王星穿到星子盘，造成数十万颗星子离开它们先前的稳定轨道，使它们的 99%弥散出来。

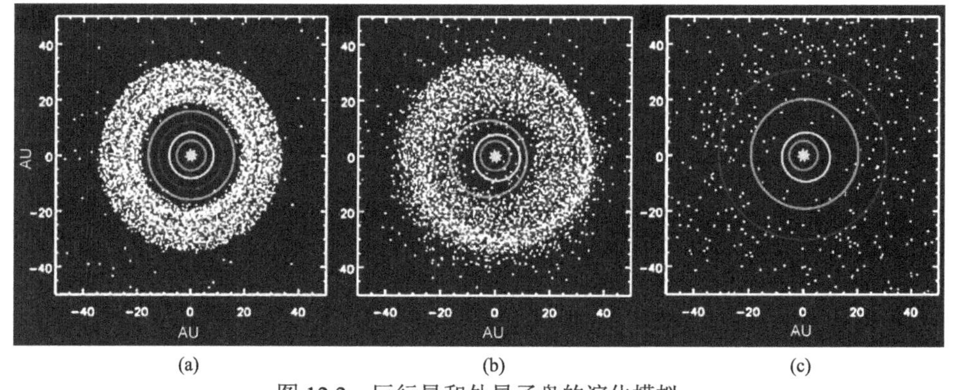

图 12.2　巨行星和外星子盘的演化模拟

（a）木星/土星达 2∶1 共振之前的早期位形；（b）海王星和天王星轨道迁移后，星子散布到内太阳系；（c）行星引力使星子抛走之后

1）共振族 KBO 的起源

巨行星把附近的原始星子驱散时，由于角动量守恒，巨行星必然发生轨道迁移。数值模拟结果表明，木星和土星的轨道略向内迁移；随着海王星轨道向外迁移，跟它的“平均运动共振”也向外迁移而“清扫”原始的柯伊伯带，使得 KBO 被俘获到共振而成为共振族 KBO，并“激发”较大的轨道偏心率 e 和倾角 i（如图 12.3）。

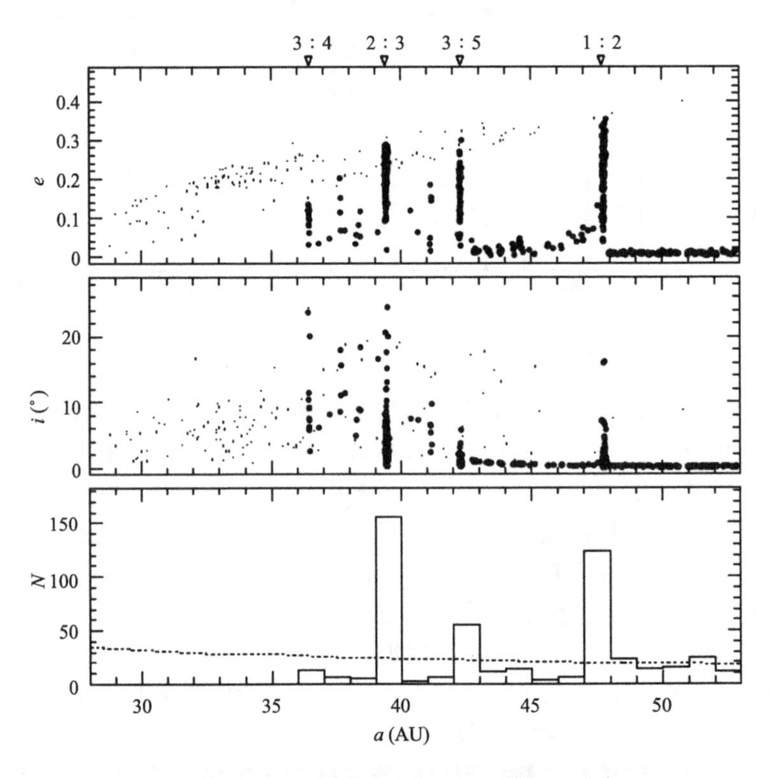

图 12.3 模拟“清扫”共振 KBO 的最后分布

时标 400 万年，巨行星迁移（木星：～0.2AU；土星 0.8AU；天王星：3AU；海王星 7AU）到现在轨道。大黑点是幸存的，小黑点是转移到弥散盘的。下幅中的虚线是初始的，实线是幸存的。顶行标有共振

2）热族 KBO 的起源

经典 KBO 细分为“热族”和“冷族”，“热族”数目比“冷族”的多。它们的物理性质也有差别，“热族”KBO 比“冷族”的本身亮度大，“冷族”的颜色更红，而“热族”KBO 的颜色跟弥散盘和冥王星族天体类似。

模拟得出，冷族 KBO 仅形成于海（王星轨道）外区域，少部分弥散到热族和弥散盘；热族 KBO 大多是来自～30AU 区域“冷”星子，由于海王星的轨道迁移和共振而使它们成为热族 KBO。这也可以解释为什么最大 KBO 都在热族。这

种机制也用于冥族和延展弥散盘；但得到的冥族在 *a-i* 图上分布（如图 12.4）不符合从冷族俘获于共振，而应主要是从弥散盘俘获于共振。

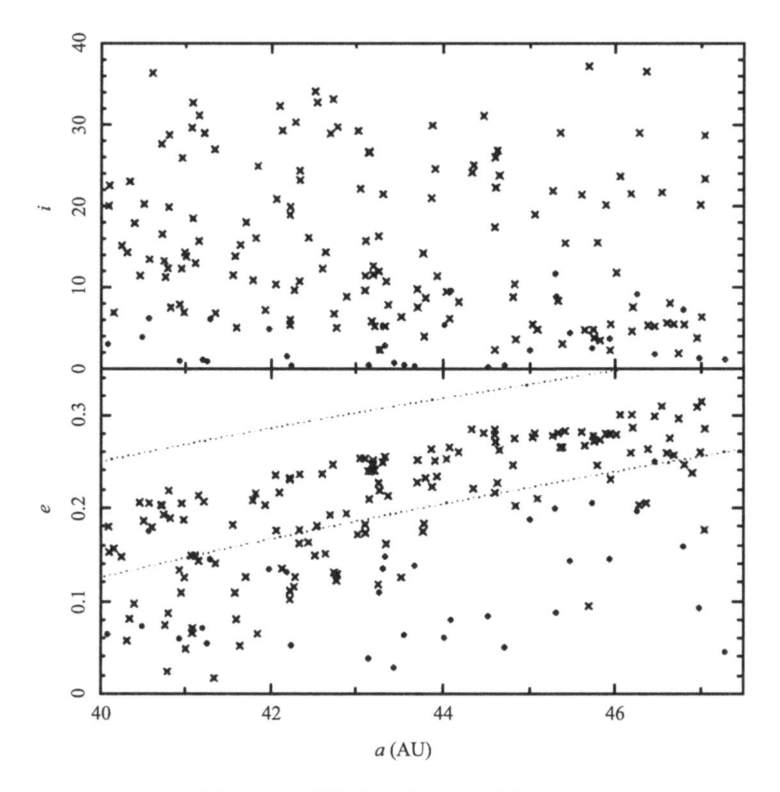

图 12.4 模拟的经典 KBO 轨道分布

黑点是主要仅中等激发的当地族；叉号是原来在 30AU 外的。因此，得出跟观测相当的 KBO 动力学“冷族”和“热族”双模式倾角分布叠加。*a-e* 图上的虚线相应于近日距 q=30AU 和 35AU

3）柯伊伯带外边界的起源

尚没有此问题的公认机制，已提出的机制可归为以下三类：①远星子盘（例如，因恒星经过）消失；②从延展的气体-尘埃盘（例如，湍流效应抑制而）形成束缚的星子盘；③原先的气体盘（例如，邻近恒星的辐射）截断。这些机制都有缺陷，Morbidelli 认为，跟冥王星的平均运动 1∶2 共振限定了柯伊伯带的外界。

4）冷族 KBO 的质量匮乏

从 KBO 的大小分布（如图 12.5），推测它们的总质量约 0.01～0.1 $M_{\oplus}$，尤其冷族的比预料少；从最小质量太阳星云估计，10～50AU 区应有固态物质约 30 $M_{\oplus}$，在几千万～几亿年仅形成几颗冥王星大的天体，大部分物质形成 10 公里以下的冰星子，海王星形成及其轨道向外迁移使它们的轨道偏心率和倾角增大而发生碰撞演化，从吸积增长变为剥蚀以及逃离。数值计算模拟表明，跟海王星相遇的物质约在几亿年就转移到弥撒盘，后来跟行星相遇而进入太阳系内部或奥尔特云及逃离太阳系。

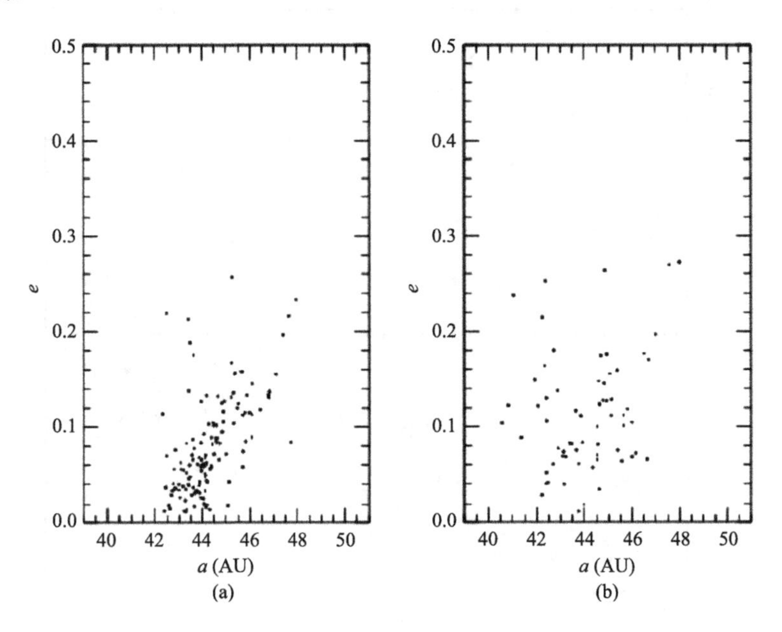

图 12.5 冷族 KBO 分布

（a）观测结果（仅多次冲日且 $i<4°$）；（b）模拟结果

5）延展弥散盘

延展弥散盘形成于 50AU 之外，但（90377）Sedna 和 2000 CR_{105} 等少数例外，它们可能是从奥尔特云（$a>200$AU）来的。相反地，观测的近日距 39～40AU、轨道半长径 50～100AU 的延展弥散盘天体更可能原来就是处于现在轨道的。

总之，模拟结果可以解释柯伊伯带和弥散盘的特征。共振具有稳定作用，例如，跟海王星 2∶3 共振的柯伊伯带天体较多（包括冥王星）；然而，跟两颗行星长期共振就有可能不稳定，使柯伊伯带天体随机弥散。但是，仍有一些未决问题在继续研究。

1. 冥王星及其卫星的起源

发现冥王星后不久，人们就试图探讨它的起源问题。Lyttleton 在 1937 年提出，冥王星原来是海王星的一颗卫星，跟海卫一同绕海王星转动，曾一度靠近相遇，相互引力作用使海卫一绕冥王星转过 180° 而变为逆行卫星；冥王星则获得了额外速度而逃离海王星的引力范围，变为绕太阳公转的独立行星。由于当时估算的冥王星质量比海卫一大，这种看法似乎是可以的，多年来一直被采纳。当发现冥卫一的资料公布后，我们很快地论证了，质量大的海卫一不可能因相遇冥王星而变为逆行，因而上述看法不成立，故提出冥王星与卡戎起源的新看法。有理由认为，冥王星应是星云盘外区的可吸积物质直接聚集形成的大星子。海王星形成区很宽，在其形成晚期，该区还残存许多较大星子，海王星轨道之内的一个最大星子成为冥王星，由于被另一个较大星子对心碰撞而变到 e 与 i 大的轨道。

在冥王星形成晚期，有一个较大星子（约冥王星质量的 8%）掠撞了冥王星表面，碰撞力矩使冥王星由原来的正向自转变为侧向自转，碰撞产生的碎裂物质抛出到几万公里远，然后聚集形成卫星，而且不止形成一颗卫星；并且，在冥王星洛希极限内的物质有可能形成环带，这一推论有待观测验证。随后，类似的冥王星及其卫星的碰撞起源研究增多，主要研究成果综述于下。

在柯伊伯带形成很多大的冰星子（KBO），冥王星是其中最大的之一，冥王星被另一较大星子撞击，抛出的物质环绕冥王星而聚集为缺乏挥发物（甲烷）的冥卫一。类似于月球起源的撞击模型，考虑不同于类地行星区大星子（撞击体）的 KBO 性质（岩/冰比率，冥卫一/冥王星的质量比、角动量）和环境条件（海王星的引力与共振作用），进行撞击的数值模拟。例如，在 Canup 的模拟结果表明，大小跟冥王星相当的大撞击体（直径 1600～2000 公里的冥卫一原体）斜撞冥王星，可以形成冥王星-冥卫一双行星系统，海王星的引力共振（3:2）作用使它们留在现在轨道。

Stern 等更深入地论述了冥卫二和冥卫三也跟冥卫一起源于同一次撞击。它们都离冥王星不远，且它们的轨道共面且高阶共振，因而它们的形成应当跟冥卫一撞击起源相关。类似于冥卫一，它们可能由冥王星或冥卫一原体抛出的物质构成。

考虑一些碰撞情况。现今柯伊伯带作用于冥王星-冥卫一和较小 KBO 的碰撞环境研究表明，过去 40 亿年发生灾难性破碎的临界直径约 4 公里。因而，比临界直径大的冥卫二和冥卫三可能原是跟冥王星和冥卫一同期形成的，而不像是过去破碎而又重新吸积形成的。碰撞研究也表明，在现今的柯伊伯带中，所有≥8 米的撞击体对于接近冥王星轨道的天体的累计陨击占表面的 7%～32%，这不包括抛出物覆盖（2～4 倍）及早期的高陨击率。撞击体在冥卫二和冥卫三的陨击是很严重的，估计陨击剥失了它们质量的 10%～20%。因此，它们现在的质量和大小跟形成时的差别较大。

陨击冥卫二和冥卫三造成抛出的碎块会逃离出去，但一般仍捕获在环绕冥王星转动。这不同于冥卫一受陨击情况——逃逸速度约 500m/s、大多抛出物又落回冥卫一表面。于是，柯伊伯带的小碎块陨击冥卫二和冥卫三几乎肯定产生环绕冥王星的脏（尘）冰颗粒微弱环系，其光学厚度随时间变化。假定陨击剥失冥卫二和冥卫三质量的 10%，可估计环系的光学厚度，虽然很粗略，但得出结论：由于柯伊伯带的小碎块陨击冥卫二和冥卫三，其抛出物形成冥王星的短暂环系。

约 20%的已知 KBO 有卫星，例如，1997 CQ_{29}、1998 SM_{165}、1999 TC_{36}、2003 UB_{313}、2003 EL_{61}。估计数万颗 KBO 有卫星甚至环系，它们的起源也跟冥王星-冥卫系类似。当然寻找到起源于俘获的 KBO 的不规则卫星也是有意义的。

2. 人马怪天体和彗星的起源演化

人马怪天体的研究仍受其物理资料所限，已提出它们可能起源的不同模型。模拟表明，某些柯伊伯带天体的轨道会受摄动，导致它们轨道改变而成为人马怪天体。弥散盘天体是动力学上的最好候选者，例如，人马怪天体可能是"内"弥散盘天体被摄动内移轨道的，但不符合人马怪天体的双色性质。冥族天体显示双色性质，因而有人提出，冥族天体也有轨道不稳定性而内移为人马怪天体，也可能随着彗星活动衰竭为岩体小行星。

1950 年，奥尔特做了彗星的轨道特性统计研究，推测出，在离太阳 3 万～10 万 AU 有一个近于均匀球层式的彗星储库，现称作"奥尔特（彗星）云"，估计那里约有上万亿颗彗星。近年新的统计研究表明，奥尔特云可分为两部分：内奥尔特云离太阳 3 千～2 万 AU，约有 1 万亿～10 万亿颗彗星；外奥尔特云离太阳 2 万～5 万 AU，约有 1 万亿～2 万亿颗彗星。一般观测不到那里的彗星，由于某些恒星从太阳系近旁走过，其引力摄动作用驱使个别奥尔特云彗星发生很大的轨道变化，运行到太阳系的内区，成为可观测到的"新"彗星。

已知彗星的现在轨道有很大差别，轨道周期范围从几年到几十万年，分为短周期彗星和长周期（大于 200 年）彗星（如图 12.6，所有 a>10000AU 的都画于 $\lg a$=4 线上）。短周期彗星又分为木星族彗星和哈雷型彗星。观测研究表明，木星族彗星来自柯伊伯带和弥散盘，哈雷型彗星来自内奥尔特云，而长周期彗星来自外奥尔特云（如图 12.7）。

关于彗星的起源，一个世纪以来曾有多种看法和理论被提出，大致可分为起源于恒星际和形成于太阳系内两大类，每大类又有多种假说，至今仍无定论。但是，综合彗星资料，可总结为下面的重要事实和推论。

彗星形成于太阳系的外部寒冷区。大量彗星储于两个不同的"库区"——奥尔特云和柯伊伯带。由于彗星轨道演变程度大，奥尔特云的彗星不大可能原来就形成在那里，更可能是外行星区早期形成的冰星子，后来被大的外行星的引力摄动而改变了轨道，进入到奥尔特云。在戴文赛的太阳起源学说框架下，我们探讨过彗星起源问题。在离太阳 40 AU 以外的边远区，物质极为稀疏，推算表明，那里不足以形成彗星带；但在木星到海王星这一区域的物质可聚集成含冰的星子，它们大多聚集于外行星，残留的成为彗星。这些彗星受外行星摄动而改变轨道，

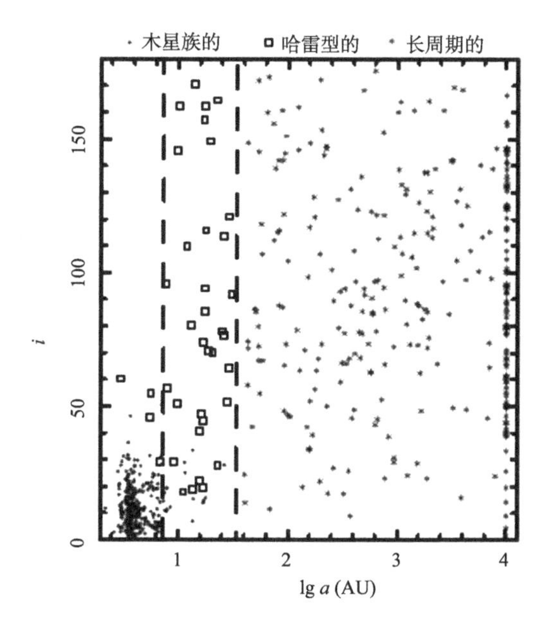

图 12.6 彗星按轨道半长径 a 和倾角 i 的分布

竖虚线相应于周期 20 年和 200 年

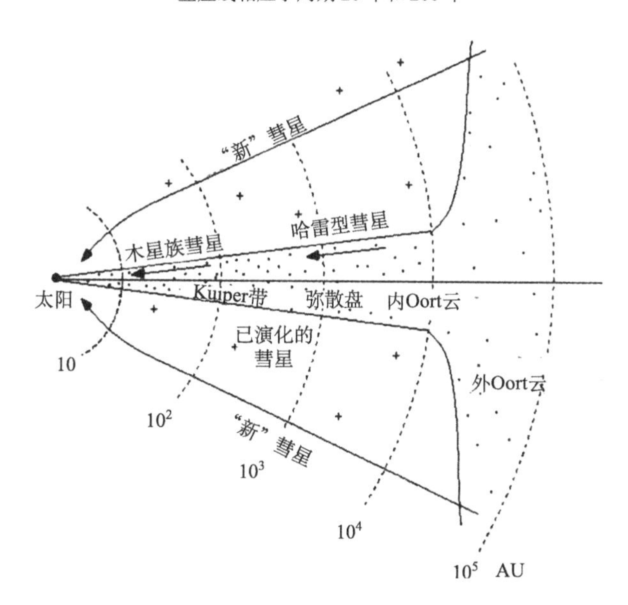

图 12.7 木星族彗星和哈雷型彗星的来源

有的进入太阳系内部成为短周期彗星；有的进入奥尔特云或逃离到恒星际空间。由于冰星子形成于很大的区域，不同部位的环境和条件是不同的，因而导致各彗星在结构和性质上的差异。

由于外行星区的固态“原料”不足，冰星子难以进一步吸积成长为行星，而留在“半成品”的较大的冰星子状态，至多长成冥王星那样的“矮行星”，相互的引力摄动可以使其中的一些改变轨道，成为短周期彗星和人马怪天体的主要来源。由于具体的形成条件、环境和过程存在一些差别，彗星（彗核）至少可以细分为三大类。因长期在太阳系外部寒冷区，基本上只是赤裸的彗核、而没有彗发和彗尾，除了宇宙线照射、流星体陨击而改变彗核表层外，彗核内部演化是很少的，基本保留形成时的原始状况。

现在主要是利用长周期彗星和哈雷型彗星的观测资料，由数值模型模拟来研究奥尔特云的形成。有理由认为，在太阳系形成初期，奥尔特云是空的，而巨行星附近存在大量的冰星子。巨行星的引力作用使这些冰星子弥散到整个太阳系；有些到达轨道半长径约 10000 AU，受到银河系的足够引潮作用及恒星的随机经过而改变轨道，成为随机分布的奥尔特云彗星。这种看法早在 50 多年前就被提出，近年又有仔细的数值模拟验证。例如，图 12.8 给出一个冰星子（彗星）从海王星

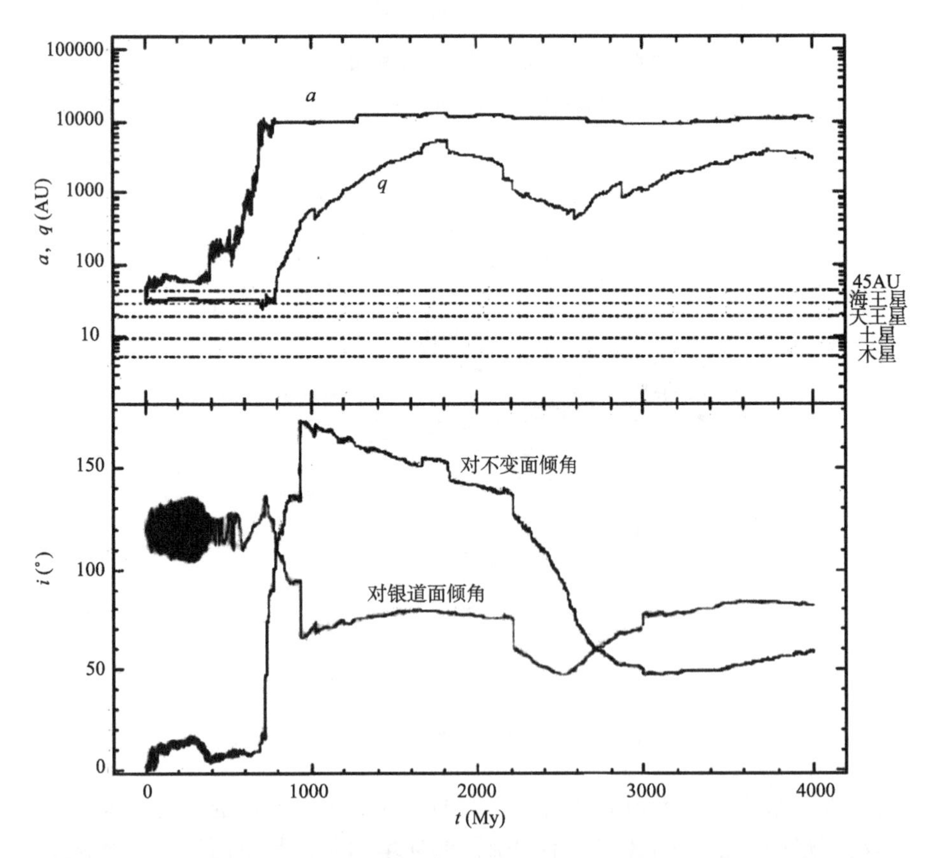

图 12.8　一颗彗星从海王星附近到奥尔特云的轨道（半长径、近日距、倾角）演化

附近到奥尔特云的轨道演化，起初跟海王星相遇而其轨道半长径变大，而近日距仍为略大于 30AU；约 7 亿年后，半长径随机散步到 10000AU，此时，银河系引潮开始起效，近日距很快变为大于 45AU，海王星的弥散作用中止，而远的恒星相遇使轨道半长径进一步增大。相应地，对银道面和对太阳系不变面的倾角发生变化。跟木星和土星轨道交叉的冰星子也可能被抛出太阳系。

图 12.9 给出奥尔特云形成过程的总体示例，显示在时间 0（初始条件）、1、10、100、1000、4000My（百万年）的全部星子在轨道空间的 a-q 与 a-i 分布。

这种“经典”模拟表明，仅 1My 后，木星和土星的作用就使原在木星-天王星区的星子形成一个散布盘，大多星子近日距 $q<10$AU，而原来在海王星区及更远的尚未散开；10My 时，可见到银河系引潮开始的标记，奥尔特云开始形成，$a>30000$AU 的星子（大多来自木星-土星区）的近日距变到行星轨道之外，海王星区的星子开始居于散布盘；从 100～1000My，星子继续从散布盘进入奥尔特云；到 840My，奥尔特云的星子数目（约初始数目的 7.55%）达峰值，来自天王星-海王星区的星子逐渐取代来自木星-土星区的，因为来自木星-土星区的星子（$a>30000$AU）在奥尔特云外部而在相遇恒星期间移走。由于银河系的引潮消耗作用时间长且相遇恒星，有的 $q>100$AU 的星子轨道半长径 a 可能小到 3000AU（“内奥尔特云”）。4000My 时的星子分布应相对于奥尔特云的现在结构，这跟 1000My 时的分布大致一样，但数目略少。星子轨道倾角也在演化，1My 后，星子的轨道倾角散变为中等值；10My 时，$a>30000$AU 的星子被银河系引潮和经过的恒星摄动为近于倾角各向同性分布，随后 $a>20000$AU 的星子变为倾角完全各向同性分布。最后，奥尔特云的内、外部分大致含有同样数目的彗星。模拟结束时，初始在天王星-海王星-海王星外区域的星子有 5%～9%留在奥尔特云，而初始在木星-土星区的星子约 2%留在奥尔特云。

图 12.10 给出了奥尔特云各区域的初始彗星留下分值随时间的演化。外行星区星子进、出奥尔特云不是分开的过程，一方面，首批星子达到 10000AU（10My），马上开始长周期彗星流；另一方面，至今仍有彗星进入奥尔特云。奥尔特云的质量约在 800My 时达到峰值，此前是进入为主，此后是流出为主，奥尔特云的总质量减少到星子盘质量的 5.5%。外奥尔特云的形成快于内奥尔特云，而后彗星移走也快。

上述奥尔特云形成的经典情景，面对现在太阳系提供的定量约束，遇到两个疑难：第一个疑难是依据外奥尔特云现在的彗星数目或质量，算得原来星子盘质量过大；第二个疑难是奥尔特云与弥散盘的彗星数目比过大。因此，还需要更准确的模拟。

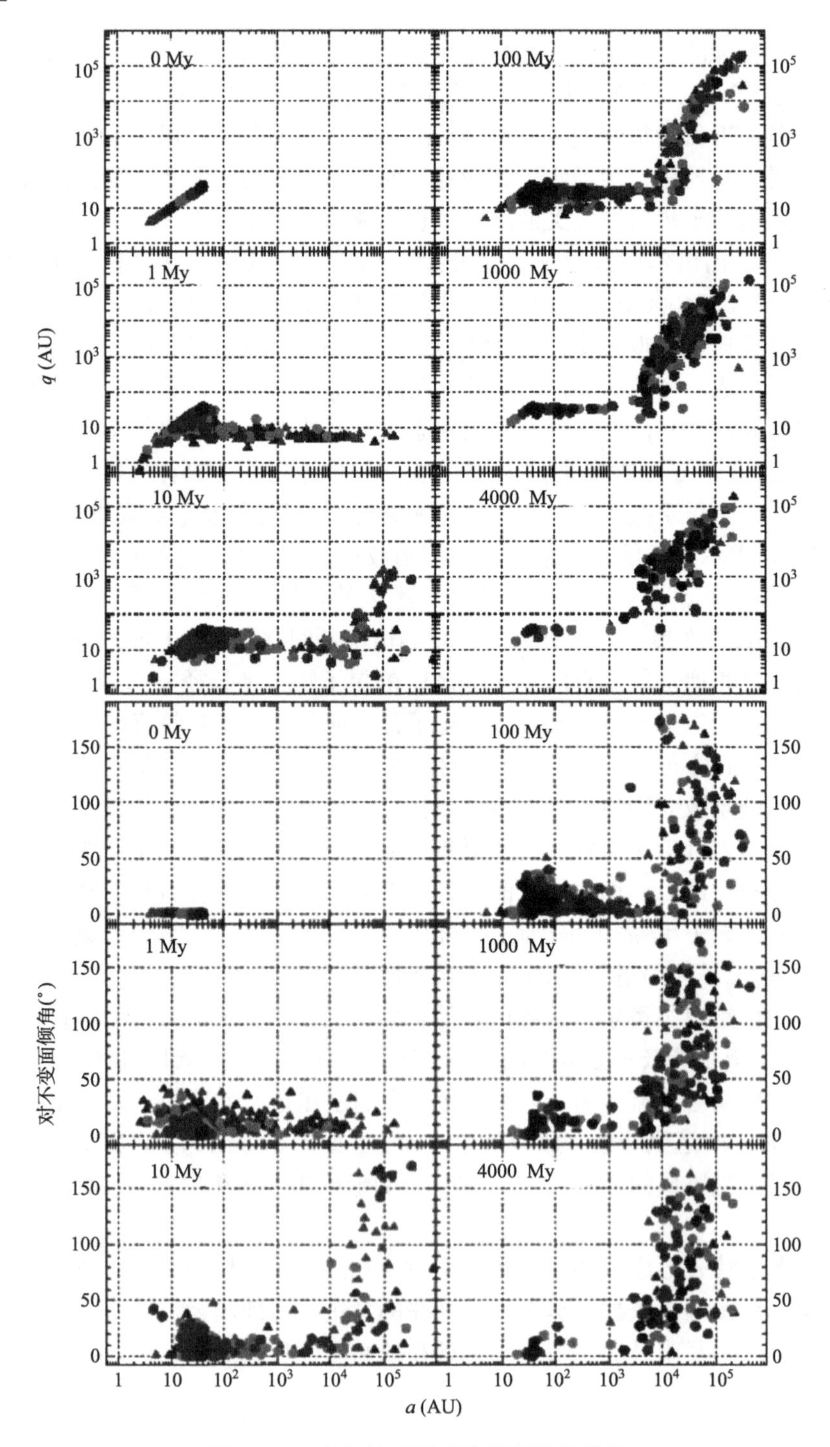

图 12.9　奥尔特云形成过程的数值模拟

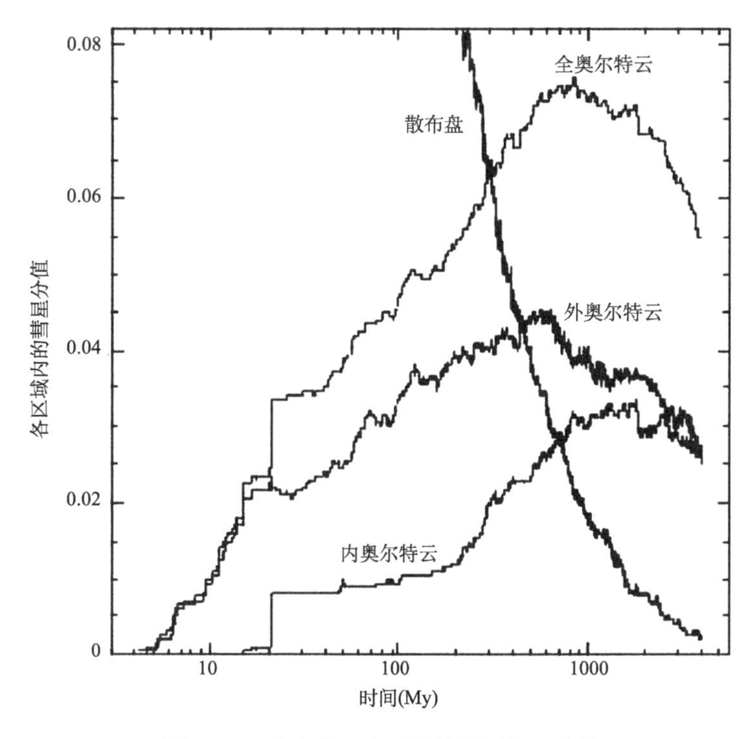

图 12.10　奥尔特云各区域的彗星留下分值

经过太阳系内区的彗星，受到更强的太阳辐射和太阳风作用，彗星的冰物质升华并带出尘埃，形成彗发和彗尾，从彗星流失的尘埃成为微小流星体，而流失的气体会被太阳风和太阳辐射推斥到太阳系外部。彗星几百次经过太阳系内区，其物质就会流失尽，尤其走近太阳或行星附近而陨落，从而更早地消失。

参 考 文 献

胡中为. 2014. 新编太阳系演化学. 上海: 上海科学技术出版社
胡中为, 徐伟彪. 2008. 行星科学. 北京: 科学出版社
Binzel R P, Gehrels T, Matthews M S. 1989. Asteroids Ⅱ. Tucson: University of Arizona Press
Bottke W F, Cellino A, Paolicchi P, et al,. 2002. Asteroids Ⅲ. Tucson: University of Arizona Press
Brown W. 2008. In the beginning: compelling evidence for creation and the flood. http://www. creationscience. com/onlinebook/Asteroids2. html [2016-7-10]
Daniela L, Ferraz M S, Angel F J. 2006. Asteroids, comets and meteors. Lodon: Cambridge University Press
Dymock R. 2010. Asteroids and dwarf planets and how to observe them. Heidelberg: Springer
Elkins-Tanton L T. 2010. Asteroids, meteorites and comets. Revised Edition. Philadelphia: Chwlser House Publishers
Kirkwood D. 2008. The asteroids or minor planets between Mars and Jupiter. Lucas Press
McFadden L A, Weissmann P R, Johnson T V. 2007. Encyclopedia of the solar system. 2nd edition. Amsterdam: Elsevier
Michel P, Cellino A. 2015. Asteroids Ⅳ. Tucson: University of Arizona Press
Minton D A, Malhotra R. 2009. A record of planet migration in the main asteroid belt. Nature, 457(7233): 1109-1111.
National Academy of Sciences. 2010. Defending planet Earth: near-Earth object surveys and hazard mitigation strategies: final report. Washington D. C.: The National Academies Press
Schumann A M. 2012. Hazards due to comets and asteroids. Tucson: University of Arizona Press
Wikipedia. 4 Vesta. https: //en. wikipedia. org/wiki/4_Vesta [2016-07-12]
Wikipedia. Asteroid. https: //en. wikipedia. org/wiki/Asteroid [2016-07-20]
Wikipedia. Asteroid family. https: //en. wikipedia. org/wiki/Asteroid_family [2016-03-18]
Wikipedia. Centaur(minor planet). https://en. wikipedia. org/wiki/Centaur_(minor_planet) [2016-07-20]
Wikipedia. Ceres(dwarf planet). https: //en. wikipedia. org/wiki/Ceres_(dwarf_planet) [2016-08-07]
Wikipedia. Geology of Ceres. https: //en. wikipedia. org/wiki/Geology_of_Ceres [2016-07-21]
Wikipedia. Kuiper belt. https: //en. wikipedia. org/wiki/Kuiper_belt [2016-07-18]
Wikipedia. Minor planet. https: //en. wikipedia. org/wiki/Minor_planet [2016-07-23]
Wikipedia. Pluto. https: //en. wikipedia. org/wiki/Pluto [2016-08-12]

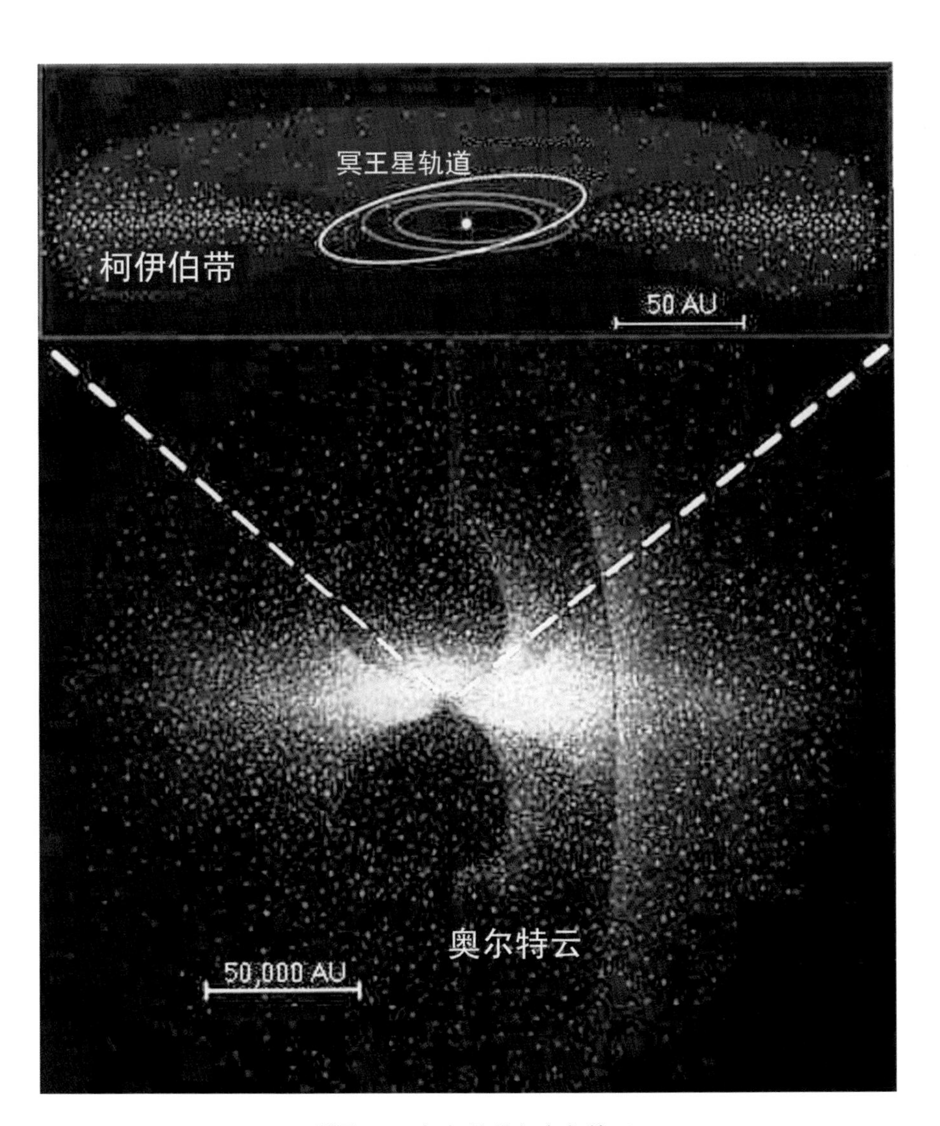

彩图 12　柯伊伯带与奥尔特云

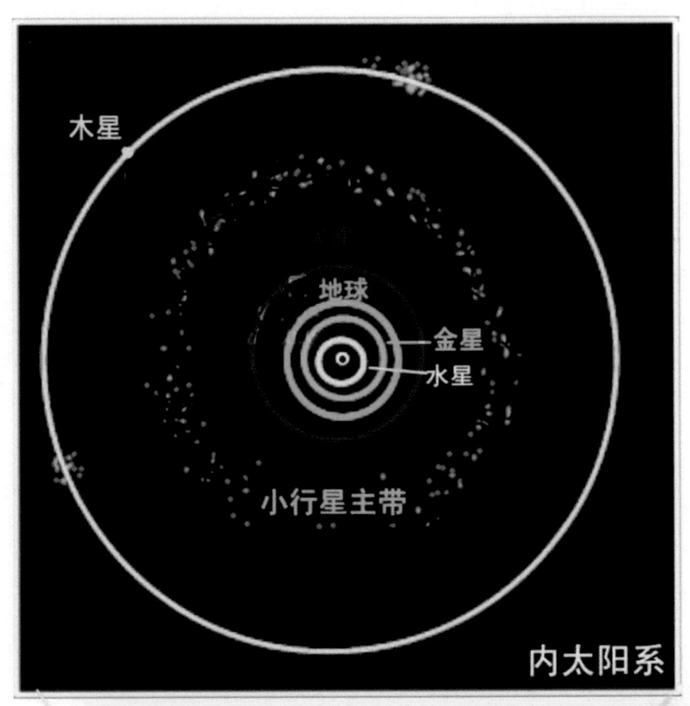

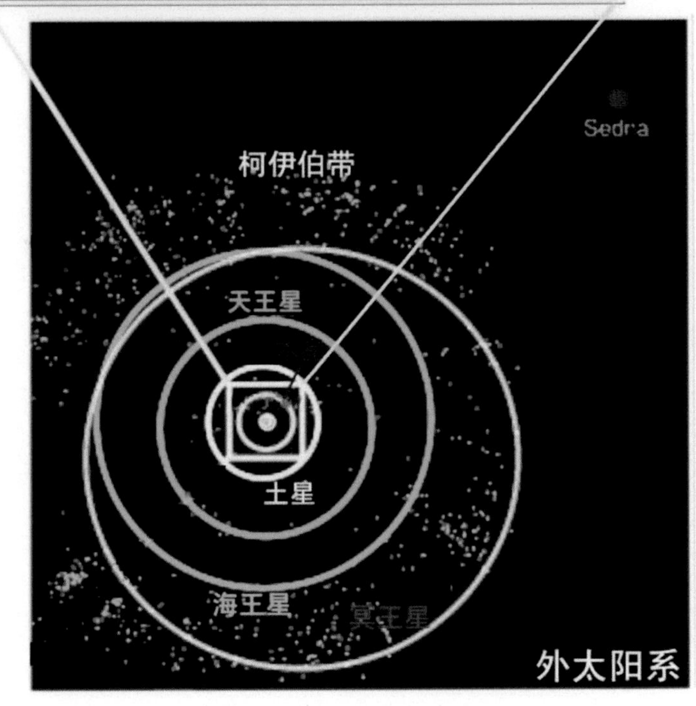

彩图 13　内外太阳系

彩　图

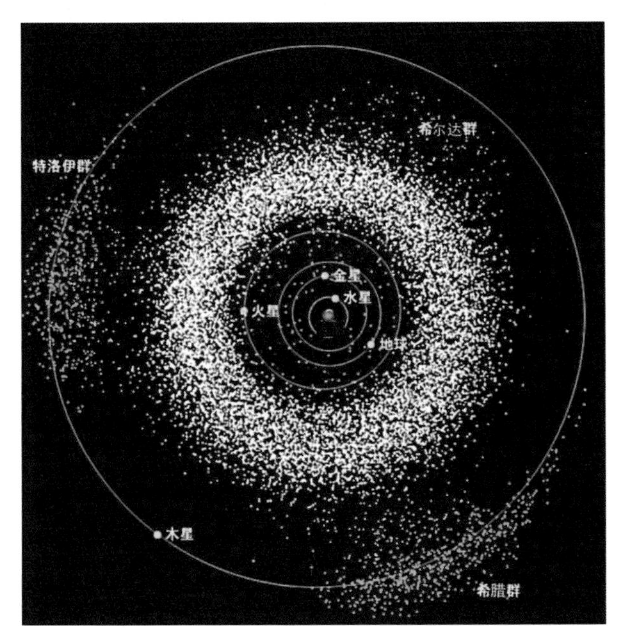

彩图 1　木星及其特洛伊小行星

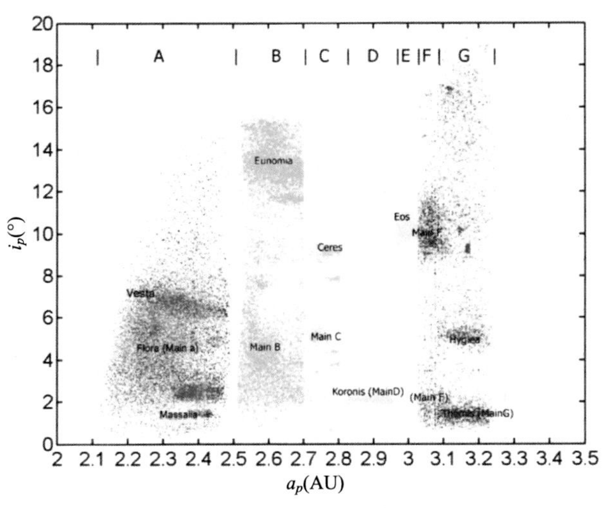

彩图 2　小行星族

柯克伍德空隙分开主区 A、B+C、D、E+F+G

彩图 3A　灶神星的高清图像

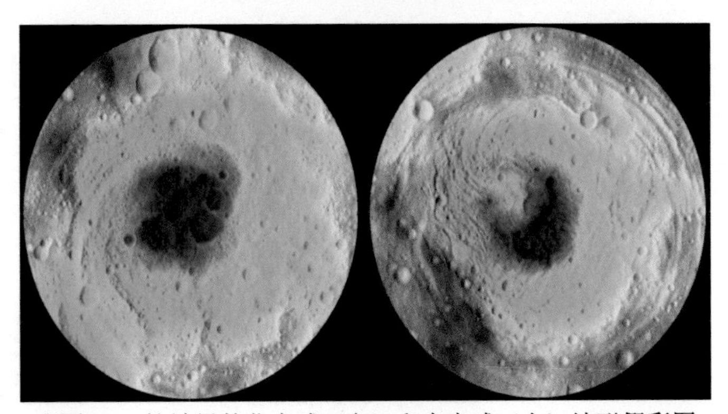

彩图 3B　灶神星的北半球（左）和南半球（右）地形假彩图

从红到紫依次高到低。北半球的高度范围 44.22 到–22.24 公里，顶部三陨击坑呈“雪人”特征。南半球的高度范围 42.28 到–23.65 公里，陨击盆地内的山峰高达地球上珠峰的 2 倍多

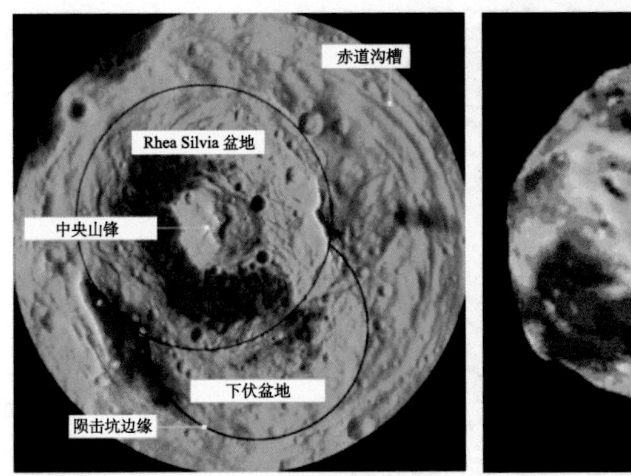

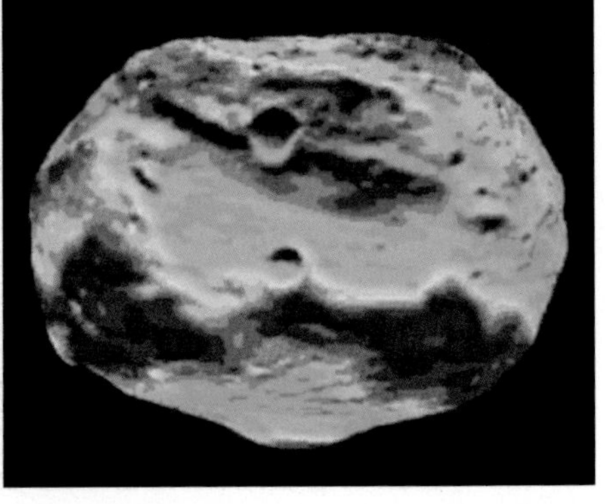

彩图 3C　灶神星的南极区（左）和赤道附近的退化盆地（右，绿、蓝色）约 300 公里，老于雷尔西尔维亚陨击坑（下端，绿色）

彩图 4A　谷神星的高清像

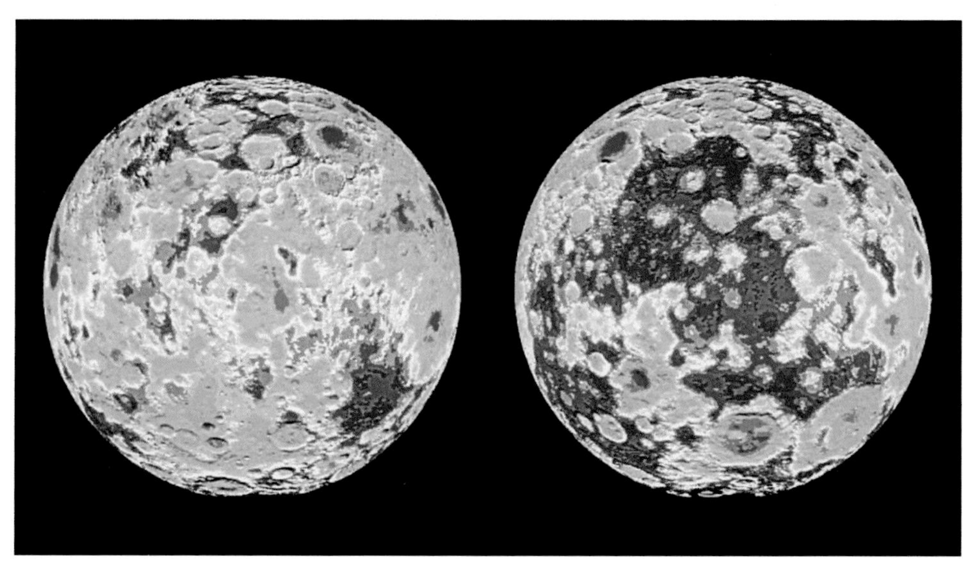

彩图 4B　谷神星的地形

从高区（红色）到低区（蓝色）高程差 30 公里

彩图 5A　小行星（951）Gaspra

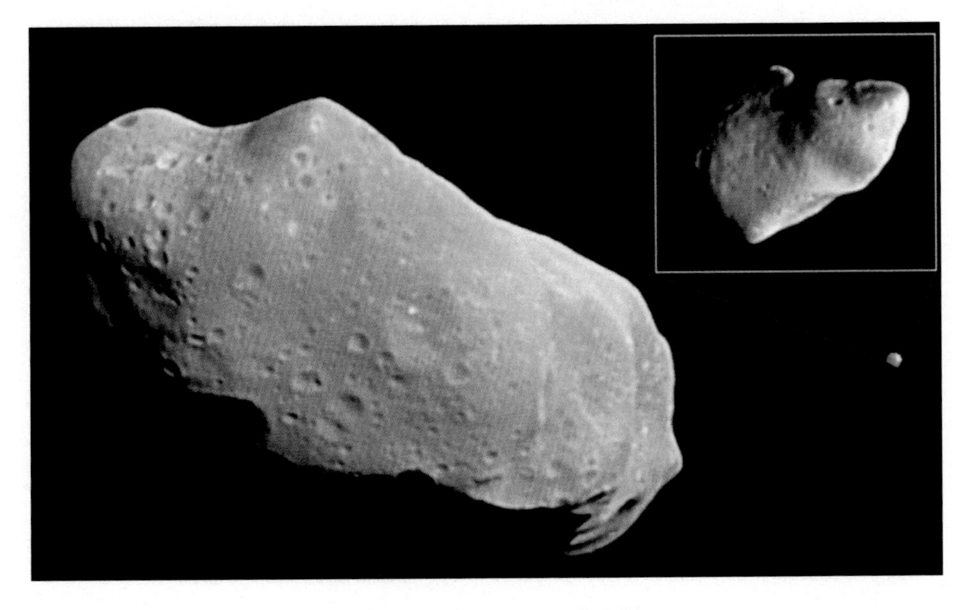

彩图 5B　小行星 Ida 及其卫星

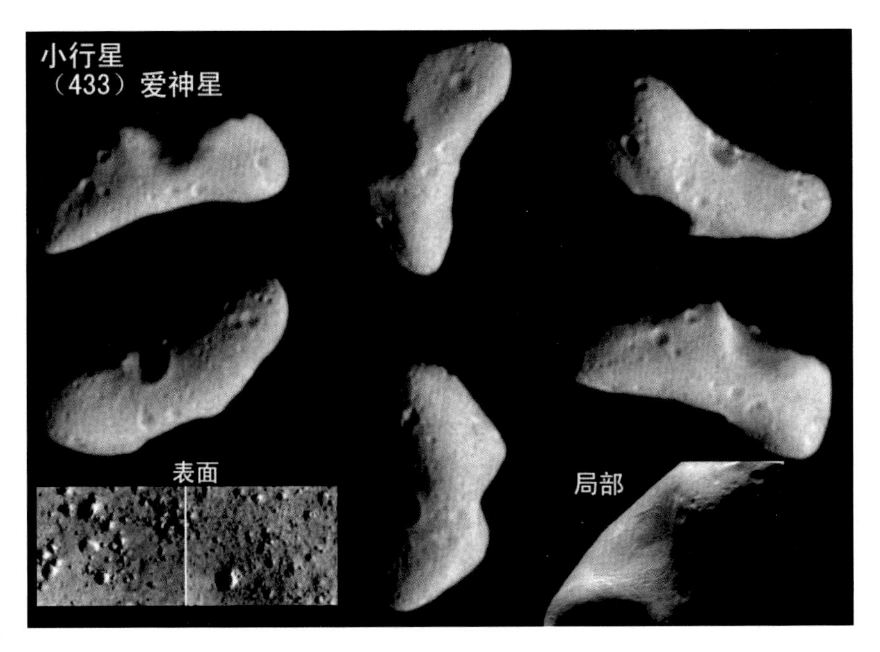

彩图 5C　爱神星的不同视面

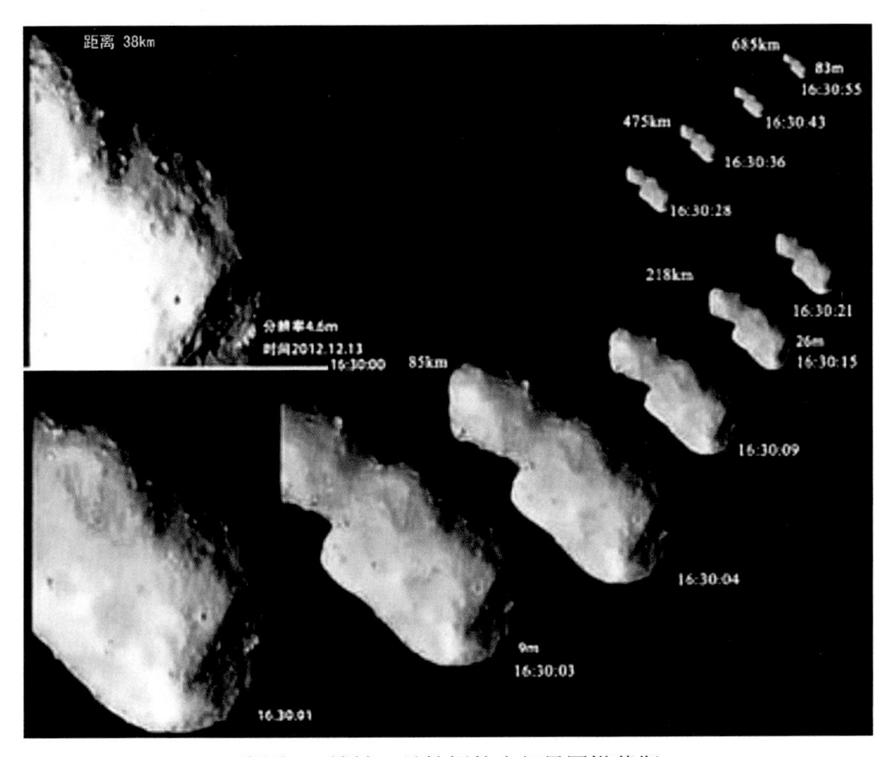

彩图 6　嫦娥 2 号拍摄的小行星图塔蒂斯

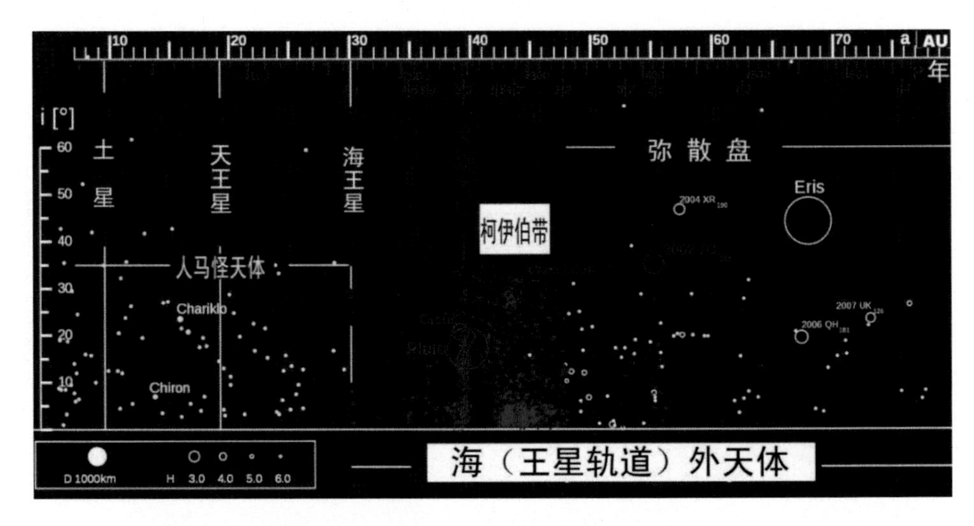

彩图 7　人马怪天体和海外天体的轨道分布

彩图 8A　冥王星表面的特征

彩图 8B　冥王星（左）与冥卫一

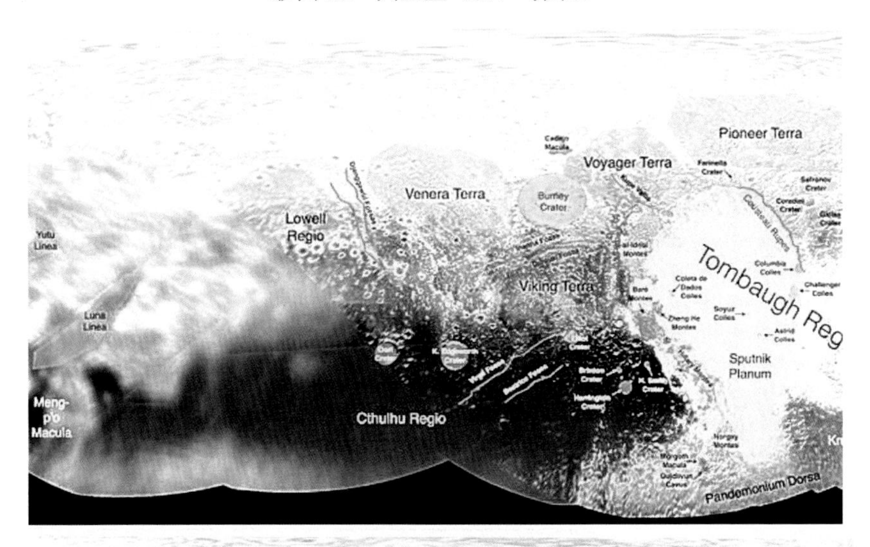

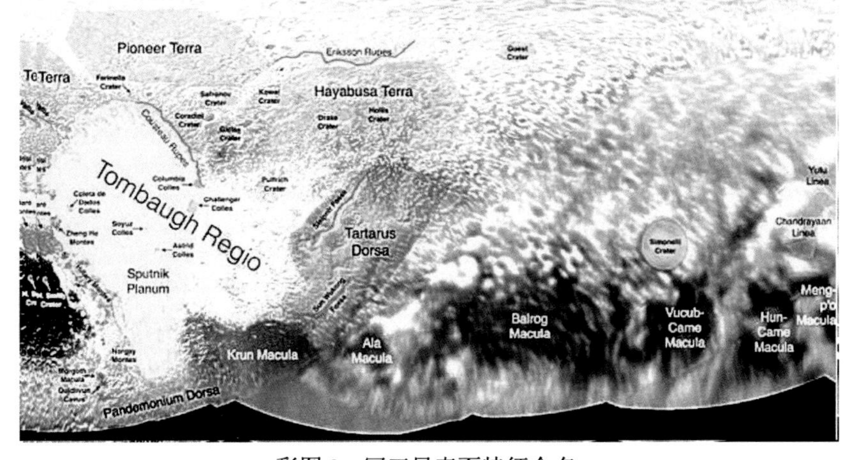

彩图 9　冥王星表面特征命名

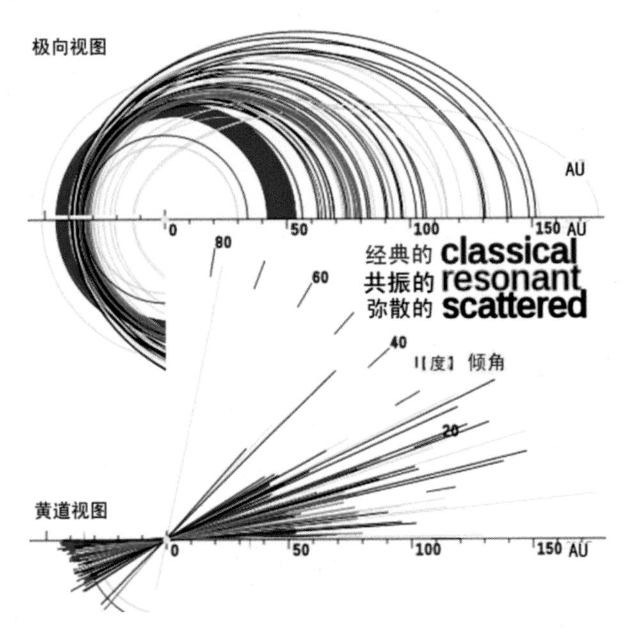

彩图 10　海外天体的轨道分布

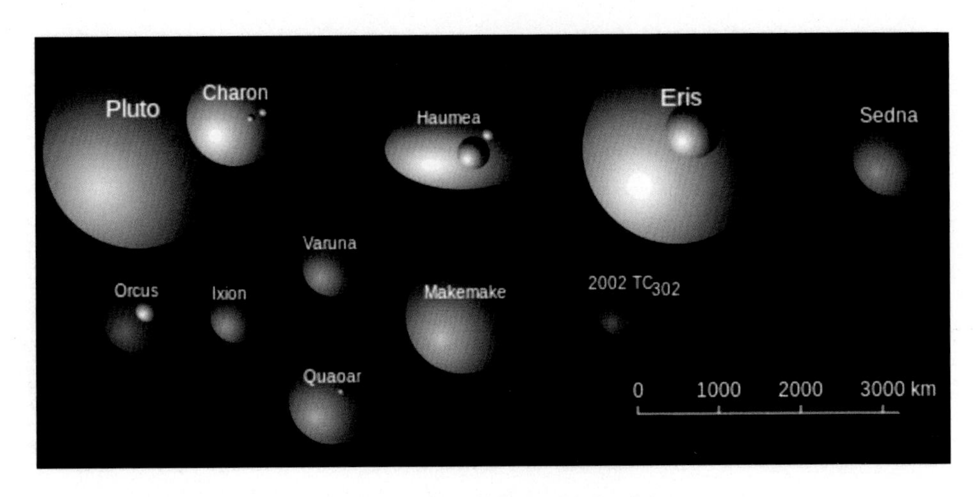

彩图 11　海外的矮行星及候选者